BIM技术应用实务
（第2版）

主　编　孙庆霞　刘广文　于庆华

副主编　朱艳丽　吴　恒　王　鹏

参　编　韩　锐

主　审　牟培超　薛海儒

U0234541

北京理工大学出版社

BEIJING INSTITUTE OF TECHNOLOGY PRESS

内 容 提 要

本书根据高等教育人才培养的要求和施工信息化发展趋势，选取一个完整的工程案例（被动式超低能耗实验实训中心），从识图、建模和用模三个模块展开，采用项目化教学，借助Revit软件建立建筑、结构、给水排水、采暖通风空调、建筑电气模型，并采用Navisworks对整个项目进行渲染、漫游、动画、碰撞检查、施工模拟等，融实践教学和理论教学为一体，具有很强的实用性。本书为学生毕业后从事相关工作奠定基础。本书共分9个项目，包括项目施工图识读、建筑模型创建、结构模型创建、场地模型创建、给水排水工程模型创建、暖通空调建模、建筑电气建模、BIM成果输出、Navisworks应用。书中附教学资源二维码，各项目后设置多类型练习题。本次修订完善了含微课、习题库、试题库等在线开放配套资源。

本书系统性强，可作为各大院校土木工程、建设工程管理、市政工程技术等相关专业的教学用书，同时也可作为"1+X"建筑信息模型（BIM）职业技能等级证书初级、中级（结构工程类专业 BIM 专业应用、建筑设备类专业 BIM 专业应用）类专业教材和社会培训机构的培训用书及 BIM 爱好者的自学用书。

图书在版编目（CIP）数据

BIM技术应用实务 / 孙庆霞，刘广文，于庆华主编
.--2版.--北京：北京理工大学出版社，2022.1
　ISBN 978-7-5763-0966-9

　Ⅰ.①B… Ⅱ.①孙… ②刘… ③于… Ⅲ.①建筑设
计 - 计算机辅助设计 - 应用软件 - 高等学校 - 教材 Ⅳ.
①TU201.4

　中国版本图书馆CIP数据核字（2022）第027640号

出版发行 / 北京理工大学出版社有限责任公司
社　　　址 / 北京市海淀区中关村南大街5号
邮　　　编 / 100081
电　　　话 / （010）68914775（总编室）
　　　　　　（010）82562903（教材售后服务热线）
　　　　　　（010）68944723（其他图书服务热线）
网　　　址 / http://www.bitpress.com.cn
经　　　销 / 全国各地新华书店
印　　　刷 / 北京紫瑞利印刷有限公司
开　　　本 / 787毫米×1092毫米　1/16
印　　　张 / 18　　　　　　　　　　　　　　　　　责任编辑 / 王玲玲
字　　　数 / 432千字　　　　　　　　　　　　　　　文案编辑 / 王玲玲
版　　　次 / 2022年1月第2版　2022年1月第1次印刷　责任校对 / 周瑞红
定　　　价 / 85.00元　　　　　　　　　　　　　　　责任印制 / 边心超

FOREWORD 第2版前言

2020年7月3日，住房和城乡建设部等十三部委印发关于《推动智能建造与建筑工业化协同发展的指导意见》，要求加快推动新一代信息技术与建筑工业化技术协同发展，在建造全过程加大建筑信息模型（BIM）、互联网、物联网、大数据、云计算、移动通信、人工智能、区块链等新技术的集成与创新应用。推进数字化设计体系建设，统筹建筑结构、机电设备、部品部件、装配施工、装饰装修，推行一体化集成设计。积极应用自主可控的BIM技术，加快构建数字设计基础平台和集成系统，实现设计、工艺、制造协同。

2022年1月19日，住房和城乡建设部发布《"十四五"建筑业发展规划》，提出"加快推进建筑信息模型（BIM）技术在工程全寿命期的集成应用，健全数据交互和安全标准，强化设计、生产、施工各环节数字化协同，推动工程建设全过程数字化成果交付和应用。2025年，基本形成BIM技术框架和标准体系，包括推进自主可控BIM软件研发、完善BIM标准体系、引导企业建立BIM云服务平台、建立基于BIM的区域管理体系、开展BIM报建审批试点"。

当前建筑行业信息化快速发展，对学生的培养提出了更新、更高的要求，用人单位也更关注学生的实际能力和综合素质。基于此，本书根据《高等职业学校专业教学标准》中建筑工程技术专业教学标准、"教、学、做一体化，以任务为导向，以学生为中心"的教育理念编写而成。

1. 选取典型案例，执行项目导向、任务驱动的教学设计

选取一个完整的工程案例（被动式超低能耗实验实训中心）学、练、赛、考一体。以切合学生认知规律为导向，划分课程结构。对应学生认知规律依次展开工作任务驱动的教学环节，实现"学训结合"教学目的。每个项目和小节以BIM建模岗位要求，制订知识目标和能力目标，以目标统领教、学、训，切实做到"教、学、训"的统一。教材根据工作过程进行模块划分，培养学生"二维识图—三维建模—二维出图"的转化能力。

2. "1+X"建筑信息模型（BIM）职业技能等级证书考核大纲标准引领教材建设

"1+X"建筑信息模型（BIM）职业技能等级证书初级BIM建模主要是建筑及机电建模，中级（结构工程类专业BIM专业应用、建筑设备类专业BIM专业应用）主要是结构建模及机电建模，为了将"1+X"职业技能等级证书标准及考核要求融入专业人才培养方案和课程体系，优化课程设置，深化复合型技术技能人才培养培训模式及评价模式改革，提高人才培养质量，本书贯彻书证融通教学改革，紧紧围绕"1+X"建筑信息模型（BIM）职业技能等级证书考核标准进行教学内容的编写，融入部分考核真题作为习题对学习者强化训练。本书可

为"1+X"职业技能等级证书制度的全面实施探索积累经验。

3.课程思政引领的育人功能

坚持匠心、铸魂、精技,培养学生精益求精的科研精神,坚持立德树人,提高学生认识问题、分析问题、解决问题的能力。注重在识图、建模及 BIM 技术应用过程中建构科学思维逻辑,培养学生探索未知、追求真理、勇攀科学高峰的责任感和使命感,自觉地为国家建设贡献力量。

4.建设线上资源与线下教材密切配合的新形态一体化教材

本书配套省级精品资源共享课、院级精品在线开放课——BIM 技术与应用,作者为本书制作了高质量原创微课,完善了含图纸、习题库、试题库、标准库、课件等的信息化资源。各个项目中的重点难点内容、拓展知识内容以微课形式呈现,可以通过扫描二维码进行线上学习,便于反复观摩,提升学习效果。

通过本书学习,学生可掌握 Revit 的基本绘图技巧以及 Navisworks 的基本使用方法,辅助建筑设计,并完善建筑设计或更改建筑设计中的不合理部分;加深对先修课程的理解,并提高解决实际问题的能力和效率。

本书由山东城市建设职业学院孙庆霞、刘广文、于庆华担任主编,由山东城市建设职业学院朱艳丽、吴恒、王鹏担任副主编,山东正元建设工程有限责任公司韩锐参与编写。本书具体编写分工为:吴恒编写项目1、项目4;于庆华编写项目2;孙庆霞编写项目3;刘广文编写项目5、项目6;韩锐编写项目7;朱艳丽编写项目8、项目9;王鹏负责整理图纸相关内容。全书由山东城市建设职业学院牟培超、中铁十局集团第一工程有限公司薛海儒主审。

本书为山东省省级精品资源共享课——BIM 技术与应用的配套教材。为回馈广大读者,本书提供增值服务,本课程目前正在进行在线开放课程建设,对于教材中未嵌入的其他信息化资源,读者可以登录山东城市建设职业学院网络教学平台(http://sdcjxy.fanya.chaoxing.com/portal),搜索"BIM 技术与应用"课程进行学习。与本书配套使用的"被动式超低能耗实验楼施工图",广大读者可访问链接 https://pan.baidu.com/s/1OswtgG7jbDxQuzEh0Bk9Ug(提取码:bq3s)进行下载。

由于编者水平有限,加之编写时间仓促,书中难免存在疏漏及不妥之处,如您在使用过程中有更多的宝贵意见,请您发送到邮箱 459967983@qq.com,或加入QQ群:781204833,期待能够得到您真挚的反馈,以便我们再版时修订和完善。

编　者

FOREWORD 第1版前言

　　2015年7月1日，住房和城乡建设部印发《关于推进建筑信息模型应用的指导意见》（以下简称《意见》）。《意见》中强调了BIM在建筑领域应用的重要意义，提出了推进建筑信息模型应用的指导思想与基本原则，同时明确提出推进BIM应用的发展目标，即"到2020年年末，建筑行业甲级勘察、设计单位以及特级、一级房屋建筑工程施工企业应掌握并实现BIM与企业管理系统和其他信息技术的一体化集成应用。到2020年年末，以下新立项项目勘察设计、施工、运营维护中，集成应用BIM的项目比率达到90%：以国有资金投资为主的大中型建筑；申报绿色建筑的公共建筑和绿色生态示范小区。"

　　从总体来看，BIM人才缺乏是制约BIM应用发展的问题之一。"目前，BIM技术人才短缺是不争的事实，也正是因为BIM技术人才的缺乏，造成了应用BIM的企业或单位，大多采用后BIM模式，削弱了BIM技术应有的效率和效益。造成上述现象，有客观原因，也有主观原因，如果说体制和机制的原因短期内不好解决，那么就让我们从关注BIM人才队伍的建设入手，从关注在校学生的培养做起，因为学生是BIM技术的后备军、未来的生力军，是BIM技术应用和发展的希望所在。"人力资源和社会保障部教育培训中心副主任陈伟说。

　　当前建筑行业信息化快速发展，对学生的培养提出了更新、更高的要求，用人单位也更最关注学生的实际能力和综合素质。本书是在教学过程中反复实践的基础上形成的，是基于"教、学、做一体化，以任务为导向，以学生为中心"的教育理念编写的。

　　通过本书的学习，学生应掌握Revit的基本绘图技巧以及Navisworks的基本使用方法。要求学生通过本课程的学习，能辅助建筑设计，并完善建筑设计或更改建筑设计中的不合理部分，加深学生对先修课程的理解，并能提高学生解决实际问题的能力和效率。

　　本书由山东城市建设职业学院孙庆霞、刘广文、于庆华担任主编，山东城市建设职业学院朱艳丽、吴恒、王鹏担任副主编，山东正元建设工程有限责任公司韩锐参与了本书部分章节的编写工作。具体编写分工为：吴恒编写第1章、第4章；于庆华编写第2章；孙庆霞编写第3章；刘广文编写第5章、第6章；韩锐编写第7章；朱艳丽编写第8章、第9章；王鹏负责整理图纸相关内容。全书由山东城市建设职业学院牟培超、中铁十局集团第一工程有限公司薛海儒主审。

　　本课程目前正在进行资源课建设，为回馈广大读者，本书提供电子视频及碎片化的BIM微视频等相关资源的增值服务，广大读者可以登录山东城市建设职业学院网络教学平台（http://sdcjxy.fanya.chaoxing.com/portal），选择"BIM技术与应用"课程进行观看。与本书配

套使用的"被动式超低能耗实验楼施工图",广大读者可访问链接 https://pan.baidu.com/
s/1OswtgG7jbDxQuzEh0Bk9Ug(提取码:bq3s)进行提取下载。

限于编者水平有限,加之编写时间仓促,书中难免存在疏漏及不妥之处,如您在使用过
程中有更多的宝贵意见,请您发送到邮箱 459967983@qq.com,期待能够得到您真挚的
反馈,以便我们再版时修订和完善。

编 者

CONTENTS 目 录

CONTENTS

CONTENTS

项目 1　项目施工图识读

知识目标

1. 了解项目背景与优势。
2. 掌握建筑施工图的识读方法。

技能目标

1. 能够正确分析项目施工图纸构成。
2. 能够正确查阅有关建筑规范、建筑图集、质量验收标准等资料。
3. 能够正确掌握建筑施工图、结构施工图、设备施工图的识读方法。

素质目标

1. 通过建筑施工图的识读，提高学生发现问题、认识问题、分析问题和解决问题的能力。
2. 具备"大国工匠"品质，在精神和思想品质上，不仅要"心有家国"，还要"心有明镜"，以成为具备大国工匠品质、精神、情怀的卓越工程师为目标。
3. 具备"工程爱国"信念，树立正确的世界观、价值观和人生观，培养走向社会、投身祖国建设的责任感和使命感。

任务描述

根据"×××学院被动式超低能耗实验楼"施工图图纸，了解项目的背景与优势，会分析图纸的构成，了解 BIM 技术在项目全生命周期应用的重要性，熟练识读全套的土建施工图和设备施工图。

任务要求

1. 掌握建筑施工图的识读。
2. 掌握结构施工图的识读。
3. 掌握给水排水施工图的识读。
4. 掌握暖通施工图的识读。
5. 掌握电气施工图的识读。

1.1 认识项目

1.1.1 项目概述

1. 被动式超低能耗绿色建筑简介

被动式超低能耗绿色建筑是指通过提高建筑保温隔热性能和气密性，采用自然通风、自然采光、太阳能辐射和室内非供暖热源得热等各种被动式技术手段，实现舒适的室内环境并将供暖和制冷需求降到最低的建筑物。作为一种起源于西欧和北欧气候区、以德国为代表的节能建筑，被动房具有鲜明的技术特征。为适应夏季凉爽、冬季寒冷的气候特

点，被动房采用了高保温性能围护结构、高保温性能外门窗、高气密性围护结构、无热桥建筑设计及高效热回收新风系统等。被动房理念经过 10 余年的推广，在欧洲具有广泛的影响。随着中德建筑节能合作项目的成功实施，被动房技术体系在国内受到广泛关注。在不同省市，一批被动式超低能耗绿色建筑示范项目纷纷展开。

2. 本项目的背景与优势

本项目位于山东省济南市旅游路，是山东省 11 个中德合作被动式超低能耗绿色建筑示范工程之一，并被列入住房和城乡建设部科技计划项目及省级被动式超低能耗绿色建筑试点示范项目。用地范围南北长约为 134 m，东西宽约为 110 m，在整个基地内规划建设两幢实验楼。该实验楼分为南北两楼，两楼之间通过连廊连接。南楼为被动式超低能耗绿色建筑，地上 6 层，地下 1 层，建筑高度为 23.95 m，建筑面积为 21 487.89 m²；北楼建筑面积约为 10 000 m²。该实验楼规模居山东省 11 个中德合作被动式超低能耗绿色建筑示范工程首位，也是目前我国单体面积最大的超低能耗被动式绿色节能建筑。本项目西南鸟瞰图如图 1.1-1 所示；东南鸟瞰图如图 1.1-2 所示；首层平面图如图 1.1-3 所示；标准层平面图如图 1.1-4 所示。

图 1.1-1　西南鸟瞰图

图 1.1-2　东南鸟瞰图

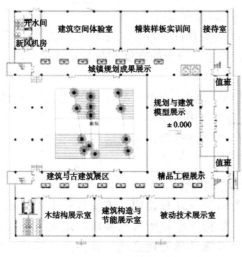

图 1.1-3 首层平面图

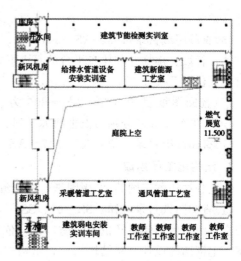

图 1.1-4 标准层平面图

被动式超低能耗绿色建筑较现行建筑具有很多优势。首先，建筑更加节能，建筑物全年供暖供冷需求显著降低，严寒和寒冷地区建筑节能率达到 90% 以上，与现行国家节能设计标准相比，供暖能耗降低 85% 以上；其次，建筑更加舒适，被动式超低能耗绿色建筑室内温、湿度适宜，建筑内墙表面温度稳定均匀，与室内温差小，体感更舒适，具有良好的气密性和隔声效果，室内环境更安静；再次，还具有更好的空气品质和更高的质量保证，建筑内有组织的新风系统设计，可提供室内足够的新鲜空气，并可以通过空气净化技术提升室内的空气品质。另外，无热桥、高气密性设计，采用高品质材料部品，精细化施工及建筑装修一体化，均可以使建筑质量更高、寿命更长。

1.1.2　分析施工图纸构成

1. 建筑施工图组成

本工程建筑施工图共 37 张图纸，图纸编号以"AS"开头。

(1)查阅图纸目录可知：AS－001、AS－002 为总平面图和竖向布置图；AS－003、AS－004 为建筑设计说明；AS－005、AS－006 为节能设计专篇和绿色公共建筑设计专篇；AS－007、AS－008 为室内装修做法表和材料做法说明表，是对建筑设计说明的补充。本工程的建筑设计说明包括文字、表格和节点图三部分内容。

(2)查阅图纸目录可知：AS－101～AS－107 为建筑平面图，分别为地下一层平面图和一层平面图、二层平面图、三层平面图、四层平面图、五层平面图、六层平面图和屋顶层平面图。各层平面图主要反映房屋的轴线布置、平面形状、大小和房间布置、墙或柱的位置、厚度和材料，门窗的位置、开启方向。

(3)查阅图纸目录可知：AS－201、AS－202 为建筑立面图，共包括四个立面图，主要反映房屋各部位的高度、立面装修及构造做法，是作为明确门窗、阳台、雨棚、檐沟等的形状和位置及建筑外装修的主要依据。

(4)查阅图纸目录可知：AS－203 为建筑剖面图，包括 1—1、2—2、3—3 三张剖面图。主要反映建筑物的竖向尺寸，包括楼层标高、建筑物总高度、层高、层数、各层层高、室内外高差等。

（5）查阅图纸目录可知：AS－301～AS－304为楼梯间大样图，主要反映楼梯开间、进深尺寸；梯段、楼梯井和休息平台的平面形式、尺寸；踏步的宽度和数量；楼梯间墙、柱、门窗平面位置及尺寸。

（6）查阅图纸目录可知：AS－306为门窗表，AS－307～AS－315为门窗大样图，AS－305和AS－316分别为卫生间大样图、墙身大样图。

（7）查阅图纸目录可知：AS－317～AS－319为节点详图，共包括26个节点详图。

2. 结构施工图组成

本工程结构施工图共27张图纸，图纸编号以"SS"开头。

（1）查阅图纸目录可知：SS－01、SS－02为结构设计总说明，主要包括工程概况，建筑安全等级、使用年限及抗震设防，设计依据，结构材料及耐久性要求，地基、基础及地下室，上部结构设计，非结构构件，结构超长及沉降差异处理措施，其他注意事项，沉降观测要求，建筑组团示意图共11项内容。

（2）查阅图纸目录可知：SS－03、SS－04为基础平法施工图和基础拉梁平法施工图。主要包括基础的形式、定位、尺寸，配筋、标高，基础拉梁的配筋，顶面标高等内容。

（3）查阅图纸目录可知：SS－05～SS－10为一至六层框架柱平法施工图，共6张，主要包括柱的定位、标高、截面尺寸、截面配筋等内容。

（4）查阅图纸目录可知：SS－11、SS－13、SS－15、SS－17、SS－19、SS－21分别为二至六层及屋面梁平法施工图，共6张，主要包括梁的平面布置、截面尺寸、配筋及标高等内容。

（5）查阅图纸目录可知：SS－12、SS－14、SS－16、SS－18、SS－20、SS－22分别为二至六层及屋面板平法施工图，共6张，主要包括板的厚度、标高及配筋等内容。

（6）查阅图纸目录可知：SS－23为地下一层墙柱、一层板平法施工图，顶层楼梯间梁、板、柱平法施工图。

（7）查阅图纸目录可知：SS－24～SS－27为楼梯结构图，共4张，主要包括楼梯梯段板、平台梁、平台板的截面尺寸及配筋等内容。

3. 给水排水施工图组成

本工程给水排水施工图共24张图纸，图纸编号以"PS"开头。

（1）查阅图纸目录可知：PS－001、PS－002为给水排水设计说明。

（2）查阅图纸目录可知：PS－101、PS－103、PS－105、PS－107、PS－109、PS－111、PS－113分别为地下一层至屋顶层给水排水平面图，共7张，主要包括建筑的平面形状、房间布置，建筑物各层给水排水干管、立管、支管的位置，用水设备、卫生器具的平面布置、类型和安装方式，水表、阀门、水龙头、清扫口、地漏等管道附件的类型和位置等信息。

（3）查阅图纸目录可知：PS－102、PS－104、PS－106、PS－108、PS－110、PS－112分别为地下一层至六层自喷平面图，共6张，主要标明各层喷头的具体位置布置。

（4）查阅图纸目录可知：PS－201～PS－204分别为给水系统图、中水系统图、排水系统图一和排水系统图二，共4张；PS－206～PS－208分别为自喷系统图，共3张，主要标明给水设备、用水设备、各种控制阀门、配水龙头及附件、通气帽、清扫口、检查口、存水弯和地漏等。另外，图纸中标注所有管道的管径、标高、坡度、给水引入管、污水排出管和立管等编号。

（5）查阅图纸目录可知：PS－205为消火栓系统图、管线综合图，主要标明消火栓系统和管线的具体布置情况；PS－301为卫生间大样图，详细绘制出卫生间各种管道的布置情况。

4. 暖通施工图组成

本工程暖通施工图共20张图纸，图纸编号以"MS"开头。

(1)查阅图纸目录可知：MS－001、MS－002为暖通空调设计说明，包括工程概况、设计依据、设计范围、设计计算参数、空调冷负荷和空调热负荷汇总表、空调系统、冬季空调系统、管道材料及保温材料的选择、消声隔震措施、节能环保要求、暖通空调动力系统自动监控要求、其他、山东省标准绿色建筑专篇等内容。

(2)查阅图纸目录可知：MS－003、MS－004分别为空调水系统原理图和空调风系统原理图。原理图将空气处理设备、通风管路、冷热源管路、自动调节及检测系统连接成一个整体，表达了各环节间的关系。

(3)查阅图纸目录可知：MS－101~MS－107分别为一层(地下一层)至屋顶风系统平面图，MS－201~MS－207分别为一层(地下一层)至屋顶水系统平面图，共14张。以上系统图标明了各层、各空调房间的通风空调系统的风管及空调设备布置情况、进风管、排风管、冷冻水管、冷却水管和风机盘管的平面位置等信息。

(4)查阅图纸目录可知：MS－301、MS－302分别为机房设备基础图和机房设备平面图。

5. 电气施工图组成

本工程电气施工图共37张图纸，图纸编号以"ES"和"ELVS"开头。

(1)查阅图纸目录可知：ES－001、ES－002为建筑电气设计说明。其包括工程概况，设计依据，设计范围，配电系统，电气照明系统及动力控制系统，设备选择与安装，电缆、导线的选型及敷设，防雷保护、接地及安全，火灾报警及消防联动控制系统，防火漏电报警系统，视频安防监控系统，综合布线系统，公共广播系统，能耗监测系统，其他等内容，还包括了电气节能设计专项说明。

(2)查阅图纸目录可知：ES－201~ES－208为配电系统图，ELVS－201为综合布线与数字视频监控系统图，ELVS－202为火灾报警及联动控制、漏电火灾监控和能耗分类计量管理系统图，共10张。以上系统图标明了供电方式和电能输送之间的关系，主要电气设备、元件等连接关系及它们的规格、型号、参数等信息。

(3)查阅图纸目录可知：ES－101~ES－106分别为首层至六层强电干线及插座平面图，ES－107为屋顶防雷及动力、消防平面图，ES－108~ES－113分别为首层至六层照明平面图，ELVS－101~ELVS－106分别为首层至六层弱电平面图，ELVS－107~ELVS－112分别为首层至六层消防报警平面图，共25张。以上电气平面图只能反映电气设备之间的相对位置关系，不能表现具体位置，且能够标明设备安装位置，线路敷设部位和敷设方法，所用导线型号、规格、数量等信息。

1.1.3 BIM技术在项目全生命周期中的应用

BIM技术在项目全生命周期中，从规划、设计到施工、运维，都有成功的应用。

1. 规划阶段

建筑工程是一项系统性、综合性工程，涉及内容较多，尤其是规划环节，忽略任何一个细节，都将影响工程的后续施工，因此，在规划阶段，应充分考虑气候条件、地貌等影响因素。通常可以对场地进行分析，对建筑景观、周边环境进行客观评价和分析，但是传统分析方法存在定量分析不够等问题，所以，可以利用 BIM 技术对绿色建筑及场地构建模型，获取真实、准确的结果，实现对项目在规划阶段的评估，最后根据评估结果对建筑场地进行规划，实现对各要素的布局。

2. 设计阶段

通常，我国大多建设项目设计阶段的设计工作由建设单位委托各类设计院完成，设计人员利用 PKPM、MIDAS、SAP2000 等结构计算软件进行结构设计，再利用专业绘图软件绘制施工图，计算和绘图是互相分离的，最后将资料整理成设计文件。如果建设单位有变更要求（通常不止一次），需要重新进行结构计算，再绘制或修改相应施工图，过程烦琐、重复率高、浪费资源。BIM 技术在设计阶段可为各专业设计提供共享操作平台，便于各专业的沟通协调，并且可提前发现各专业的设计碰撞问题，杜绝图纸问题引起的资源浪费与损失。

（1）协同设计。随着建筑工程复杂性的不断增加，学科的交叉与合作成为建筑设计的发展趋势，这就需要协同设计。基于 BIM 技术，可以使建筑、结构、给水排水、暖通空调、电气等各专业在同一个模型基础上进行工作，从而使设计信息得到及时更新和传递，避免因误解或沟通不及时造成设计错误，提高建筑设计的质量和效率。

（2）碰撞检查。在传统的二维图纸设计中，碰撞检查需要在各专业设计图纸汇总后才能实施，这将耗费大量时间，影响工程进度。利用 BIM 技术可将各专业模型整合在一起，提前找出各专业空间上的碰撞冲突，形成包括具体碰撞位置的检测报告，并在报告中提供相应的解决方案，在施工之前解决设计方面的问题，确保设计的可建造性，减少返工。

（3）管线综合。利用 BIM 技术，通过建立各专业 BIM 模型，进行碰撞检查，将碰撞结果汇总到安装模型中，再通过虚拟的三维 BIM 模型进行调整，并综合考虑各方面的因素及各专业的优先级别进行综合布线。通过三维虚拟空间可提前发现问题，提前定位，提前解决问题，大大提高管线综合的设计能力和工作效率。通过 BIM 技术进行管线综合，不仅能排除施工中的碰撞冲突，减少施工变更，大大降低由于施工协调引起的工期延误和成本增加，还能为项目后期的运营维护管理提供数据信息。

3. 施工阶段

BIM 应用系统创建的虚拟建筑模型，可以将模型与时间、成本结合起来，从而对建设项目进行直观的施工管理。

（1）质量管理。在施工现场质量管理方面，可整合 BIM 模型及无线网络技术，将现场施工照片上传到 BIM 系统，供建设单位、监理单位、项目管理单位等相关部门随时掌握施工现场情况，实现施工现场的远程监控。特别是对于重点部位、隐蔽工程部位等，可以用文档、照片等形式与 BIM 模型相对应的构件进行关联，使相关管理人员更好地了解现场情况，以提高施工现场的质量控制。

（2）进度管理。基于工程建设项目 BIM 模型，结合工程整体施工方案和进度计划，将空间信息和时间信息整合在一个可视的 4D 模型中，可以直观、精确地反映整个工程项目的施工过程。4D 信息技术可实时管控施工人员、材料、机械等各项资源的合理配置，对整个工程的资源进行统一管理和控制，以有效控制施工进度。通过 4D 信息技术可直接对计划工期与实际工期进行对比分析，了解实际工期和计划工期的偏差，及时进行纠偏处理并对进度计划进行实时调整。

（3）成本管理。4D 模型与成本相结合后的 BIM 5D 模型可以真实地提供工程造价所需要的工程量信息，大大提高工程量计算的准确性和效率，并通过结合施工进度信息，实现成本精细化管理和规范化管理。另外，BIM 5D 技术还可以对施工人员、材料、机械、设备和场地布置的动态集成管理，以及施工过程的可视化模拟，最大限度地实现资源合理利用，以确保效率最大化，有效控制实施成本。

4. 运营维护阶段

项目在竣工后即进入运营维护阶段，在使用寿命周期内，建筑物与设备都需要不断维护。运营维护管理平台将 BIM 信息数据与维护管理计划进行关联，实现项目物业管理与楼宇设备的实时监控管理。通过实时监控设备的运行参数及维护信息判断设备的运行状况，结合 BIM 的空间定位和信息记录功能，制订行之有效的维护计划，减小设备发生故障的概率，降低运营维护成本。BIM 技术还可根据设备的运行参数进行能耗分析，实现节能控制，同时，通过对现有空间的使用情况进行分析，合理分配建筑物有效空间，确保空间资源利用的最大化。

作为社会信息技术发展的产物，BIM 技术是实现建筑信息化的必要途径。可以预见的是，将会有越来越多的项目参与方关注和应用 BIM 技术，使用 BIM 技术进行设计和项目管理的涵盖范围与领域也越来越广泛。相信随着相关理论和技术的不断发展，BIM 将更加深远地影响建筑业的各个方面。

1.2　建筑施工图识读

建筑工程施工图是指利用正投影的方法将所设计房屋的大小、外部形状、内部布置和室内装修，各部分结构、构造、设备等的做法，按照建筑制图国家标准规定，用建筑专业的习惯方法详尽、准确地表达出来，并注写尺寸和文字说明，用于指导施工的图样。

建筑工程施工图按其内容和作用不同，可分为建筑施工图、结构施工图、给水排水施工图、暖通施工图和电气施工图等。建筑工程施工图的一般编排顺序是图纸目录、设计总说明、建筑总平面图、建筑施工图、结构施工图、给水排水施工图、暖通施工图和电气施工图，有时还会有空调施工图、煤气管道施工图及弱电施工图等。

1.2.1　建筑施工图识读

建筑施工图（简称建施）主要表示建筑物的总体布局、外部造型、内部布置、细部构造、装修和施工要求等。基本图包括总平面图、建筑平面图、立面图和剖面图等；详图包括墙身、楼梯、门窗、厕所、屋檐及各种装修、构造的详细做法。

1. 总平面图识读

总平面图是新建房屋和周围相关的原有建筑总体布局，以及相关的自然状况的水平投影图，它能反映出新建房屋的形状、位置、朝向、占地面积、绿化、标高，以及与周围建筑物、地形、道路之间的关系。因此，总平面图是新建房屋施工定位、土方工程及施工现场布置的主要依据，也是规划设计水、暖、电等其他专业工程总平面和各种管线敷设的依据。根据专业需要，还可以有专门表达各种管线敷设的总平面图，也可以与地面绿化工程详细规划图相结合。

总平面图识读方法如下：

(1)看图名、比例及有关文字说明，了解工程名称。熟知国家标准《总图制图标准》(GB/T 50103—2010)中规定的一些常用的总平面图图例符号及其含义。

(2)房屋的位置和朝向。房屋的位置可用平面定位尺寸或坐标确定；房屋的朝向是根据图上所画的风向频率玫瑰图或指北针来确定的。

(3)房屋的标高、面积和层数。

(4)房屋附属设施及周围环境的情况。

2. 首页图

首页，即施工首页图，放在全套施工图的首页装订，简称首页。它是整套施工图的概括和必要补充。

图纸目录起到组织编排图纸的作用，从中可以看到该工程是由哪些专业图纸组成的、每张图纸的图别编号和页数，以便查阅。

设计与施工说明一般包括该工程的设计依据、规划条件及勘测数据等自然情况，以及此项工程的用途、建筑总面积、层数及竖向设计的数据。此外，还要说明工程的构造设计、设备选型、各专业衔接的相关内容。

3. 建筑平面图

建筑平面图主要反映房屋的平面形状、大小和各部分水平方向的组合关系。它是放线、砌墙、安装门窗、室内装修及编制预算的重要依据，也是施工图中最重要的图纸之一。

建筑平面图识读方法如下：

(1)看图名、比例、指北针，了解图名、比例、朝向。

(2)分析建筑平面的形状及各层的平面布置情况，从图中房间的名称可以了解各房间的使用性质；从内部尺寸可以了解房间的净长、净宽(或面积)；了解楼梯间的布置、楼梯段的踏步级数和楼梯的走向。

(3)读定位轴线及轴线间尺寸，了解各墙体的厚度，门、窗洞口的位置、代号及门的开启方向，门、窗的规格尺寸及数量。

(4)了解室外台阶、花池、散水、阳台、雨棚、雨水管等构造的位置及尺寸。

(5)阅读有关的符号及文字说明，查阅索引符号及其对应的详图或标准图集。

(6)从屋顶平面图中分析了解屋面构造及排水情况。

4. 建筑立面图

建筑立面图主要反映建筑物的体型和外貌，表示立面各部分配件的形状及相互关系，表示立面装饰要求及构造做法等。建筑立面图的数量是根据房屋各立面的形状和墙面的装修要求决定的。当房屋各立面造型不同、墙面装修不同时，就需要画出所有立面图。

建筑立面图识读方法如下：

(1)阅读图名或定位轴线的编号，了解某一立面图的投影方向，并对照平面图了解其朝向。

(2)分析和阅读房屋的外轮廓线，了解房屋立面的造型、层数和层高的变化。

(3)了解外墙面上门窗的类型、数量、布置及水平高度的变化。

(4)了解房屋的屋顶、雨棚、阳台、台阶、花池及勒脚等细部构造的形式和位置。

(5)阅读标高，了解房屋室内外高差及各层高度尺寸和总高度。

(6)阅读文字说明和符号，了解外墙面装饰的做法、材料、要求及索引的详图。

5. 建筑剖面图

建筑剖面图主要表示房屋内部在高度方向的结构形式、楼层分层、垂直方向的高度尺寸及各部分的联系等情况。剖面图是与平面图、立面图相配合的不可缺少的三大基本图样之一。剖面图的数量视房屋的具体结构和施工的实际需要而定。

建筑剖面图识读方法如下：

(1)阅读图名、轴线编号、绘图比例，并与底层平面图对照，确定剖面图的剖切位置、投影方向。

(2)从图中了解房屋从室外地面到屋顶竖向各部位的构造做法和结构形式，了解墙体与楼面、地面、梁板、楼梯、屋面等构件之间的相互连接关系和材料做法等。

(3)看房屋各水平面的标高及尺寸标注，从而了解房屋的层高和总高、外墙各层窗(门)洞口和窗间墙的高度、室内门的高度、室内外高差、被剖切到的墙体的轴线间尺寸等。

(4)看图中的文字说明及索引符号，了解有关细部的构造及做法。在剖面图中表示楼地面、屋面的构造时，通常用引出线并分别按构造层次顺序列出材料及构造做法。同时，还要了解详图的引出位置和编号，以便查阅详图。

6. 建筑详图

建筑详图是建筑细部施工图。建筑详图以表达详细构造为主，主要有外墙、楼梯、阳台、雨篷、台阶、门、窗、厨房、卫生间等详图。其图示方法有局部平面图、局部立面图、局部剖面图或节点详图。详图的表达范围及数量依房屋细部构造的复杂程度而定。对于采用标准图集的建筑构配件和节点，则不必画出其详图，只需注明其所采用图集的名称、代号或页码即可。

1.2.2 结构施工图识读

结构施工图一般包括结构设计说明、结构布置图和构件详图三部分。结构设计说明以文字叙述为主，主要说明工程概况、设计依据、主要材料要求、标准图或通用图的使用、构造要求及施工注意事项等；结构布置图是房屋承重结构的整体布置图，主要表示结构构件的位置、数量、型号及相互关系，常用的结构平面布置图有基础平面图、楼层结构平面图、屋面结构平面图、柱网平面图等；构件详图是表示单个构件形状、尺寸、材料、构造及工艺的图样。

结构施工图识读一般要先清楚是什么图，然后根据图纸特点从上往下、从左往右、由外向内、由大到小、由粗到细，图样与说明对照，建施、结施、水暖电施相结合，看有无矛盾的地方、构造上能否施工等。同时，还要边看边记下关键的内容，如轴线尺寸、开间尺寸、层高、主要梁柱截面尺寸和配筋及不同部位混凝土强度等级等。另外，还要根据结构设计说明准备好相应的标准图集与相关资料。

结构施工图识读方法如下：

(1)读图纸目录，同时按图纸目录检查图纸是否齐全，图纸编号与图名是否符合。

(2)读结构总说明，了解工程概况、设计依据、主要材料要求、标准图或通用图的使用、构造要求及施工注意事项等。

（3）读基础图。

（4）读结构平面图及结构详图，了解各种尺寸、构件的布置、配筋情况、楼梯情况等。

（5）看结构设计说明要求的标准图集。

1.3　设备施工图识读

建筑设备施工图可分为给水排水施工图、暖通施工图和电气施工图。这些图纸与建筑设计图互相呼应，起到沟通设计意图与密切配合施工的作用。

1.3.1　给水排水施工图识读

给水排水施工图是建筑给水排水工程施工的依据和必须遵守的文件。其主要用于解决给水排水方式，所用材料及设备的型号、安装方式、安装要求，给水排水设施在房屋中的位置及建筑结构的关系，与建筑物中其他设施的关系，施工操作要求等一系列内容，是重要的施工技术文件。

建筑给水排水施工图按设计任务要求，应包括平面图、系统图、施工详图、设计施工说明及主要设备材料表等。阅读主要图纸之前，应当首先看设计说明和设备材料表，然后以系统图为线索深入阅读平面图和系统图及详图。阅读时，应将三种图相互对照来看，先对系统图有大致的了解，看给水系统图时，可由建筑的给水引入管开始，沿水流方向经干管、立管、支管到用水设备；看排水系统图时，可由排水设备开始，沿排水方向经支管、横管、立管、干管到排出管。

1. 室内给水排水平面图的识读

室内给水排水平面图是施工图纸中最基本和最重要的图纸，它主要表明建筑物内给水排水管道及设备的平面布置。图纸上的线条都是示意性的，同时，管材配件如活接头、管箍等也不画出来，因此，在识读图纸前，还必须熟悉给水排水管道的施工工艺。在识读时，应掌握的主要内容和注意事项如下：

（1）查明卫生具、用水设备和升压设备的类型、数量、安装位置及定位尺寸。卫生器具和各种设备通常都是用图例画出来的，它只说明器具和设备的类型，而不能具体表示各部分的尺寸及构造，因此，在识读时，必须结合有关详图和技术资料，弄清楚这些器具和设备的构造、接管方式及尺寸。

（2）弄清楚给水引入管和污水排出管的平面位置、走向、定位尺寸、与室外给水排水管网的连接形式、管径及坡度等。给水引入管上一般都装有阀门，通常设于室外阀门井内。污水排出管与室外排水总管的连接是通过检查井来实现的。

（3）查明给水排水干管、立管、支管的平面位置与走向、管径尺寸及立管的编号。从平面图上可清楚地查明管道是明装还是暗装，以确定施工方法。

（4）消防给水管道要查明消火栓的布置、口径大小及消防箱的形式与位置。

（5）在给水管道上设置水表时，必须查明水表的型号、安装位置、表前后阀门的设置情况。

(6)对于室内排水管道，还要查明清通设备的布置情况，清扫口的型号和位置。弄清楚室内检查井的进出管连接方式。对于雨水管道，要查明雨水斗的型号及布置情况，并结合详图弄清楚雨水斗与天沟的连接方式。

2. 给水排水管道系统图的识读

给水排水管道系统图主要表明管道系统的立体走向。在给水系统图中，卫生器具不画出来，只需画出水龙头、冲洗水箱等符号；用水设备如锅炉、热交换器、水箱等则画出示意性立体图，并以文字说明。在排水系统图上，也只画出相应的卫生器具的存水弯或器具排水管。在识读给水排水管道系统图时，应掌握的主要内容和注意事项如下：

(1)查明给水管道的走向，干管的布置方式，管径尺寸及其变化情况，阀门的设置，引入管、干管及各支管的标高。

(2)查明排水管的走向、管路分支情况、管径尺寸与横管坡度、管道各部标高、存水弯的形式、清通设备的设置情况、弯头及三通的选用等。识读管道系统图时，应结合平面图及说明，了解和确定管材及配件。

(3)系统图上对各楼层标高都有注明，看图时可据此分清各层管路。管道支架在图中一般不表示，由施工人员按有关规程和习惯做法自定。

3. 详图的识读

当某些设备的构造或管道之间的连接情况在平面图或系统图上表示不清楚，且无法用文字说明时，可以将其局部放大比例绘制成详图。室内给水排水详图包括节点图、大样图、标准图，主要是管道节点、水表、消火栓、水加热器、卫生器具、套管、开水炉、排水设备、管道支架的安装图及卫生间大样图等，图中注明了详细尺寸，可供安装时直接使用。

1.3.2 暖通施工图识读

1.3.2.1 建筑供暖施工图识读

建筑供暖施工图包括系统平面图、系统图和详图。另外，还有设计说明、图纸目录和设备材料明细表等。识读供暖施工图是将平面图与系统图对照，从系统入口（热媒入口）开始，沿水流方向按供水干管、立管、支管到散热器，然后按回水支管、立管、干管到出口为止的顺序进行。

1. 供暖平面图的识读

供暖平面图是供暖施工图的主体图纸，主要表明供暖管道、散热设备及附件在建筑平面图上的位置与其之间的相互关系。识读时，应掌握的主要内容及注意事项如下：

(1)查明热媒入口在建筑平面上的位置、管道直径、热媒来源、流向、参数及其做法等。

(2)查明建筑物内散热设备(散热器、辐射板、暖风机)的平面布置、种类、数量(片数)及散热器的安装方式(即明装、半暗装、暗装)。

(3)查明供水干管的布置方式、干管上阀件和附件的布置位置及型号、干管的直径。

(4)按立管编号查明立管的平面位置及其数量。

(5)对蒸汽供暖系统，应在平面图上查出疏水装置的平面位置及其规格尺寸。

(6)对热水供暖系统，应在平面图上查明膨胀水箱、集气罐等设备的平面位置及其规格尺寸。

2. 供暖系统图的识读

供暖系统图是表示从热媒入口到热媒出口的供暖管道、散热设备，主要阀件、附件的空间位置及相互关系的图形。识读时，应掌握的主要内容及注意事项如下：

(1)查明热媒入口装置的组成和热媒入口处热媒来源、流向、坡向、标高、管径及热媒入口采用的标准图号或节点图编号。

(2)查明各管段的管径、坡度、坡向，水平管道和设备的标高，各立管的编号。

(3)查明散热器型号规格及数量。

(4)查明阀件、附件、设备在空间中的位置。凡系统图已注明规格尺寸的，均须与平面图、设备材料表等进行核对。

3. 供暖详图的识读

供暖详图一般包括热媒入口、管沟断面、设备安装、分支管大样等。

1.3.2.2　通风与空调工程施工图识读

通风与空调工程施工图一般由文字和图纸两部分组成。文字部分包括图纸目录、设计施工说明、设备及主要材料表；图纸部分包括基本图和详图。基本图包括空调通风系统的平面图、剖面图、系统图、原理图和详图等；详图包括系统中某局部或部件的放大图、加工图、施工图等。

通风与空调系统施工图较为复杂性，识读过程中要切实掌握各图例的含义，把握风系统与水系统的独立性和完整性，识读时要弄清楚系统，摸清楚环路，分系统进行阅读。

通风与空调工程施工图识读方法如下：

(1)认真阅读图纸目录。根据图纸目录了解该工程图纸的张数、图纸名称及编号等工程概况。

(2)认真阅读、领会设计施工说明。从设计施工说明中了解系统的形式、系统的划分及设备的布置等工程情况。

(3)仔细阅读有代表性的图纸。在了解工程概况的基础上，根据图纸目录找出反映通风空调系统布置、空调机房布置、冷冻机房布置的平面图，从总平面图开始阅读，然后阅读其他平面图。

(4)辅助性图纸的识读。平面图不能清楚、全面地反映整个系统情况时，应结合平面图上提示的辅助图纸(如剖面图、详图)进行阅读。对整个系统情况还可配合系统图进行阅读。

(5)其他内容的识读。在读懂整个系统的前提下，再回头阅读施工说明及设备材料明细表，了解系统的设备安装情况、零部件加工安装详图，从而把握图纸的全部内容。

1.3.3　建筑电气施工图识读

建筑电气施工图根据工程大小及复杂程度不同而有所差异，一般由图纸目录、设计说明、主要设备与材料表、平面图、系统图、设备布置、电路图、安装接线图及详图组成。

建筑电气施工图识读方法如下：

(1)看标题栏及图纸目录。可了解工程名称、项目内容、设计日期及图纸数量和内容等。

(2)看设计说明。可了解工程总体概况及设计依据，了解图纸中未能表达清楚的各有关事项，如供电电源的来源、电压等级、线路敷设方法、设备安装高度及安装方式、补充使用的非国标图形符号、施工时应注意的事项等。有些分项局部问题是分项工程的图纸上说明的，看分项工程图时，也要先看设计说明。

(3)看系统图。各分项工程的图纸中都包含有系统图，看系统图的目的是了解系统的基本组成，主要电气设备、元件等的连接关系及它们的规格、型号、参数等，掌握该系统的组成概况。

(4)看平面布置图。平面布置图是建筑电气工程图纸中的重要图纸之一，是用来表示设备安装位置、线路敷设部位、敷设方法及所用导线型号、规格、数量、管径大小的。在通过阅读系统图，了解了系统组成概况之后，就可依据平面图编制工程预算和施工方案，从而具体组织施工，所以对平面图必须熟读。阅读平面图时，一般可按此顺序进行：进线→总配电箱→干线→支干线→分配电箱→用电设备。

(5)看电路图。了解各系统中用电设备的电气自动控制原理，用来指导设备的安装和控制系统的调试工作。因电路图多是采用功能布局法绘制的，看图时，应依据功能关系从上至下或从左至右一个回路一个回路地阅读。熟悉电路中各电器的性能和特点，对读懂图纸将有极大的帮助。

(6)看安装接线图。其可了解设备或电器的布置与接线，与电路图对应阅读，进行控制系统的配线和调校工作。

(7)看详图。详图是用来详细表示设备安装方法的图纸，是依据施工平面图，进行安装施工和编制工程材料计划时的重要参考图纸，特别是对于初学安装的人员更显重要，甚至可以说是不可缺少的。

(8)看设备材料表。设备材料表提供了该工程使用的设备、材料的型号、规格和数量，是编制购置设备、材料计划的重要依据之一。

阅读图纸的顺序没有统一的规定，可以根据需要，灵活掌握，并应有所侧重。为更好地利用图纸指导施工，还应阅读有关施工规范及质量验收标准，以详细了解相关技术要求，保证施工质量。

任务总结

通过本任务的学习，我们知道良好的施工图识读能力是进行后续软件建模学习的基础。一套完整的施工图纸是复杂的，各个专业之间相互联系，这就要求我们在掌握基本识图知识的基础上要细心、专心、耐心，更要有信心地去完成复杂而烦琐的识图过程。

任务分组

为学生分配任务，填写表1-1。

表 1-1　学生任务分配表

班级		组号		指导教师	
组长		学号			
组员	姓名	学号	姓名	学号	姓名	学号
任务分工						

评价反馈

1. 学生进行自我评价，并将结果填入表1-2中。

表 1-2　学生自评表

班级		姓名		学号	
项目1		项目施工图识读			
评价项目		评价标准		分值	得分
认识项目		了解被动式超低能耗绿色建筑特点及优势		5	
分析施工图纸构成		熟悉图纸目录信息，掌握各图纸所反映的内容，做到图纸与内容精准对应		5	
BIM 的全生命周期应用		了解 BIM 从规划、设计、施工到运维的全过程具体应用		5	
施工图识读	建筑施工图	掌握建筑总平面图、平面图、立面图、剖面图和详图的识读		15	
	结构施工图	掌握结构设计说明、结构布置图、构件详图的识读		15	
	给排水施工图	掌握给水排水平面图、系统图、详图和设备材料表的识读		10	
	暖通施工图	掌握暖通系统平面图、系统图和详图的识读		10	
	电气施工图	掌握电气平面图、系统图、设备布置图、电路图、安装接线图及详图的识读		10	
工作态度		态度端正，无无故缺勤、迟到、早退现象		5	
工作质量		能按时完成工作任务		5	
协调能力		与小组成员之间能合作交流、协调工作		5	
职业素质		能做到保护环境，爱护公共设施		5	
创新意识		能够完全掌握施工图识读，做到举一反三，触类旁通，从而读懂更多施工图		5	
合计				100	

2. 学生以小组为单位进行互评，并将结果填入表1-3中。

表1-3 学生互评表

班级					小组			
任务		项目施工图识读						
评价项目	分值	评价对象得分						
认识项目	5							
分析施工图纸构成	5							
BIM的全生命周期应用	5							
施工图识读 建筑施工图	15							
结构施工图	15							
给水排水施工图	10							
暖通施工图	10							
电气施工图	10							
工作态度	5							
工作质量	5							
协调能力	5							
职业素质	5							
创新意识	5							
合计	100							

3. 教师对学生工作过程与结果进行评价，并将结果填入表1-4中。

表1-4 教师综合评价表

班级		姓名		学号	
项目1		项目施工图识读			
评价项目		评价标准		分值	得分
认识项目		了解被动式超低能耗绿色建筑特点及优势		5	
分析施工图纸构成		熟悉图纸目录信息，掌握各图纸所反映的内容，做到图纸与内容精准对应		5	
BIM的全生命周期应用		了解BIM从规划、设计、施工到运维的全过程具体应用		5	
施工图识读	建筑施工图	掌握建筑总平面图、平面图、立面图、剖面图和详图的识读		15	
	结构施工图	掌握结构设计说明、结构布置图、构件详图的识读		15	
	给水排水施工图	掌握给水排水平面图、系统图、详图和设备材料表的识读		10	
	暖通施工图	掌握暖通系统平面图、系统图和详图的识读		10	
	电气施工图	掌握电气平面图、系统图、设备布置图、电路图、安装接线图及详图的识读		10	

评价项目	评价标准	分值	得分
工作态度	态度端正，无无故缺勤、迟到、早退现象	5	
工作质量	能按时完成工作任务	5	
协调能力	与小组成员之间能合作交流、协调工作	5	
职业素质	能做到保护环境，爱护公共设施	5	
创新意识	能够完全掌握施工图识读，做到举一反三，触类旁通，从而读懂更多施工图	5	
合计		100	

综合评价	自评(20%)	小组互评(30%)	教师评价(50%)	综合得分

习 题

一、单项选择题

1. 以下四个阶段中，最早开始应用 BIM 理念和工具的是（　　）。

A. 规划阶段　　　　B. 设计阶段　　　　C. 施工阶段　　　　D 运维阶段

2. BIM 技术应该贯穿于建筑物的（　　）过程。

A. 全寿命周期　　　B. 设计阶段　　　　C. 施工阶段　　　　D 运营阶段

3. BIM 工程师的职业素质要求包括（　　）。

A. 品德素质　　　　B. 团队协作　　　　C. 沟通协调能力　　D. 以上都是

4. 应用 BIM 支持和完成工程项目生命周期过程中各种专业任务的专业人员指的是（　　）。

A. BIM 标准研究类人员　　　　　　　　B. BIM 工具开发类人员

C. BIM 工程应用类人员　　　　　　　　D. BIM 教育类人员

5. 三视图是指主视图、侧视图和（　　）。

A. 仰视图　　　　　B. 俯视图　　　　　C. 背视图　　　　　D. 左视图

6. 在建筑总平面图中，房屋朝向由指北针或（　　）确定。

A. 经验　　　　　　B. 太阳　　　　　　C. 温度　　　　　　D. 风玫瑰

7. 在建筑总平面图中，建筑物的定位包括尺寸定位和（　　）定位。

A. 坐标网式　　　　B. 原点式　　　　　C. 中心式　　　　　D. 距离式

8. 平面图包括各楼层平面图和（　　）平面图。

A. 地下室　　　　　B. 楼板　　　　　　C. 屋顶　　　　　　D. 地坪

9. 剖面图主要表达建筑物内部的（　　）构造。

A. 横向　　　　　　B. 竖向　　　　　　C. 水平　　　　　　D. 网状

10. 把需要详细表达的建筑局部用较大比例画出，称为建筑（　　）。

A. 剖面图　　　　　B. 平面图　　　　　C. 详图　　　　　　D. 立面图

11. 热交换器站、开水间、卫生间、给水排水设备及管道较多的地方，应有局部放大（　　）。

A. 立面图　　　　　B. 剖面图　　　　　C. 三视图　　　　　D. 平面图

二、多项选择题

1. 结构施工图一般包括（　　）。

A. 结构设计说明　　　B. 结构布置图　　　C. 构件详图　　　D. 构造工艺图

2. 建筑工程图纸是用于表示建筑物的内部布置情况，外部形状，以及装修、构造、施工要求等内容的有关图纸，可分为（　　）。

A. 工程施工图　　　B. 建筑施工图　　　C. 结构施工图　　　D. 设备施工图

3. 依据投影的方向不同，立面图又可分为（　　）图。

A. 东立面　　　B. 南立面　　　C. 中立面　　　D. 西立面

E. 北立面

4. 剖面图有多种作图法，包括（　　）。

A. 全剖面图　　　B. 半剖面图　　　C. 局部剖面图　　　D. 阶梯剖面图

E. 爆炸剖面图

5. 初步设计文件由（　　）等组成。

A. 设计说明书　　　B. 设计图纸　　　C. 主要设备　　　D. 材料表

E. 工程概算书

6. 施工图设计文件的深度应满足（　　）要求。

A. 据已进行方案设计　　　　　　　　　　B. 据已编制施工图预算

C. 据已安排材料、设备和非标准设备的制作　D. 据已确定土地征用范围

E. 据已进行施工和安装

7. 施工图分为（　　）。

A. 总平面图　　　B. 建筑施工图　　　C. 结构施工图　　　D. 设备施工图

E. 装潢施工图

8. 管道综合图包括（　　）。

A. 管道总平面布置

B. 场地四界的场地建筑坐标

C. 各管线的平面布置

D. 场外管线接入点的位置及其城市和场地建筑坐标

E. 指北针

9. 建筑总平面图要点包括（　　）。

A. 看房屋朝向

B. 分清新建筑物、原有建筑物和拆除建筑物

C. 了解建筑物的定位尺寸，是尺寸定位还是坐标网式定位

D. 看与建筑物相关的周围环境图例

E. 看建筑物所在位置对周围居民和建筑物的影响，以确定施工平面布置

10. 空调系统控制原理图内容包括（　　）。

A. 整个空调系统控制点与测点的联系、控制方案及控制点参数

B. 空调机房、冷冻机房剖面图

C. 通风、除尘和空调剖面图

D. 空调和控制系统的所有设备轮廓、空气处理过程的走向

E. 仪表及控制元件型号

项目	项目施工图识读	任务	项目施工图识读
知识目标	1. 了解项目背景与优势。 2. 掌握建筑施工图的识读方法	技能目标	1. 能够正确分析项目施工图纸构成。 2. 能够正确查阅有关建筑规范、建筑图集、质量验收标准等资料。 3. 能够正确掌握建筑施工图、结构施工图、设备施工图的识读方法
素质目标	1. 通过施工图识读过程的教学，培养学生认真仔细的科研精神，提高学生发现问题、分析问题和解决问题的能力。 2. 具备"大国工匠"品质，在精神和思想品质上，不仅要"心有家国"，还要"心有明镜"，以成为具备大国工匠品质、精神、情怀的卓越工程师为目标。 3. 具备"工程爱国"信念，树立正确的世界观、价值观和人生观，培养走向社会、投身祖国建设的责任感和使命感		
任务描述	根据"×××学院被动式超低能耗实验楼"施工图图纸，了解项目的背景与优势，会分析图纸的构成，了解 BIM 技术在项目全生命周期应用的重要性，熟练识读全套土建施工图和设备施工图		
任务要求	1. 掌握建筑施工图的识读。 2. 掌握结构施工图的识读。 3. 掌握给水排水施工图的识读。 4. 掌握暖通施工图的识读。 5. 掌握电气施工图的识读		
任务实施	1. 将识读后的图纸信息以文本形式上传至网络教学平台，署名班级＋姓名。 2. 学生小组之间进行点评。 3. 教师通过学生识读信息提出问题。 4. 学生积极讨论和回答老师提出的问题。 5. 教师总结。 6. 学生自我评价，小组打分		
作品提交	完成文本网上上传工作		

项目 2　建筑模型创建

知识目标

1. 理解 BIM 建模标准、建模软件及建模环境等基础知识。
2. 掌握 BIM 建模方法、建筑模型的创建过程。
3. 掌握 BIM 标记、标注与注释。

技能目标

1. 能够根据建模流程及建模软件功能配置软件、硬件，编制建模标准、构建项目团队。

2. 能够根据建筑平面图、立面图建立标高及轴网，能够进行墙、柱、梁、门、窗、楼地板、屋顶与天花板、楼梯坡道等实体的创建；能够进行实体构件属性定义、参数设置与编辑；能够创建 BIM 模型的平面视图、立面视图、剖面视图、三维视图，并进行模型轻量化处理。

3. 能够根据建模标准对模型标注、标记及注释。

素质目标

1. 具备低碳环保意识、绿色施工能力，助力我国 2030 年前达到碳峰值，力争 2060 年前实现碳中和目标，推动我国绿色发展迈上新台阶。
2. 具备科学思维与技术创新能力。
3. 增强政治认同与专业情感认同。

任务描述

根据"×××学院被动式超低能耗实验楼"建筑施工图图纸，利用 Autodesk Revit 2018 创建建筑模型，包括标高、轴网、柱、墙、幕墙、门窗、楼板、屋顶、楼梯等建筑基本构件的创建。室外构件包括台阶、散水、雨水沟、花坛等的创建；室内构件包括卫生间、卫生洁具、展台、电梯、房间等的创建；另外，还包括大量的适合被动式节能建筑的门窗族的创建。在项目开工前，审查施工图纸，修正图纸中的错误，做好施工前的准备工作。

1. 根据工程图纸，在软件中完成轴网的创建。

2. 根据工程图纸，完成结构柱的属性设置及绘制。

3. 根据工程图纸，完成不同墙体(外墙、内墙、挡土墙、女儿墙)的属性设置及绘制。

4. 根据门窗大样图，完成门窗族的创建；根据工程图纸，完成门窗属性设置、放置与标记。

微课：建筑
建模任务分析

5. 根据工程图纸及墙身大样图，完成楼板的属性设置及绘制。

6. 根据工程图纸，完成多层楼梯的创建。

7. 根据工程图纸，完成屋顶的创建。

8. 根据工程图纸，完成室外台阶、散水、雨水沟、花坛等构件的创建。

9. 根据工程图纸，完成室内卫生间、卫生洁具、展台、电梯、房间等构件的创建及图元的创建。

任务实施

2.1   准备工作

微课：CAD 图纸处理

2.1.1   CAD 图纸处理

先将实训南楼建筑施工 CAD 图纸按楼层进行分解，保存到相应文件夹中，如图 2.1-1 所示。

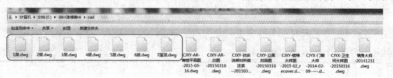

图 2.1-1   CAD 图纸按楼层分解

2.1.2   项目信息设置

打开 Autodesk Revit 2018，新建一个项目，选择"建筑样板文件"，进入操作界面，选择"管理"→"项目信息"命令，进入项目信息界面，直接输入属性值，进行项目信息设置，如图 2.1-2 和图 2.1-3 所示。

图 2.1-2　项目信息设置　　　　　　　图 2.1-3　项目信息输入完成

2.1.3　导入和链接 CAD

[**分析任务**]　"链接 CAD"有点类似于 Office 软件里的超链接功能，一定要有 CAD 原文件，也就是移动 Revit 文件时，CAD 原文件也要一起附带过去，如果不附带 CAD 原文件，那么 Revit 中的图纸也会丢失。如果在外部将 CAD 文件移动位置或者删除，Revit 中的 CAD 文件也会随之消失。"导入 CAD"相当于直接将 CAD 文件变为 Revit 文件本身的一部分，无论外部的 CAD 如何变化，都不会对 Revit 中的 CAD 文件产生影响。所以，建议在插入 CAD 时尽量用"导入 CAD"功能。

微课：导入 **CAD**

选择"插入"→"链接 CAD"或"导入 CAD"命令，在"链接 CAD 格式"或"导入 CAD 格式"对话框中选择"1 层施工图"进行链接或导入进入，导入时尤其应注意对"导入单位"和"定位"进行设置，本项目导入单位为"毫米"，如图 2.1-4～图 2.1-6 所示。

图 2.1-4　导入或链接 CAD

导入 CAD 文件时视文件大小需要一段时间，导入完成后单击鼠标右键，在弹出的快捷菜单中选择"缩放匹配"命令，导入的 CAD 图形将出现在视界内。

注意：导入单位可能出现选择错误，导入 CAD 文件后可用"标注"命令测量两轴网之间的距离，验证导入的 CAD 文件和 Revit 文件的度量单位是否一致。若不一致，则需要重新导入 CAD 文件，并重新设置"导入单位"。

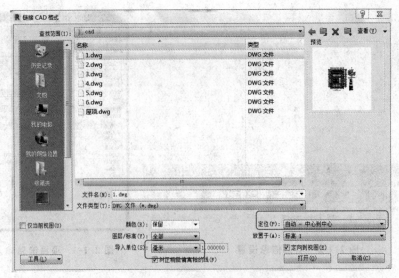

图 2.1-5　导入 CAD 的设置

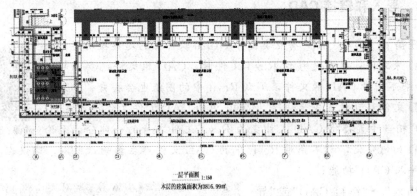

一层平面图 1:150
本层的建筑面积为3816.99㎡

图 2.1-6　导入 CAD 文件完成

2.1.4　标高与轴网创建

[分析图纸]　根据建筑立面 CAD 图纸可知，本建筑物地上六层、地下一层，标高可直接绘制。根据建筑平面图可知，纵向轴网①～⑨，间距固定为 8 400；水平向轴网Ⓐ～Ⓚ，间距不等，分别为 7 400/3 700/7 400/8 850/8 100/8 850/7 400/3 700/7 400/2 650。轴网绘制可以 CAD 图纸为参照，使用"拾取线"命令绘制或参照图纸直接绘制，纵向轴网直接绘制时，可使用"阵列"命令。

1. 标高创建

在项目浏览器"立面（建筑立面）"内选择任一方向的立面视图，选择"建筑"→"标高"命令，复制标高 1 后，分别输入 3 900/3 800/3 800/3 800/3 800/3 700 得到标高 1 到标高 7。地下室标高为－4 500。选中标高线可进行调整编辑，地下室标高改变名称为"地下室"，如图 2.1-7 所示。

微课：标高创建

图 2.1-7 标高完成绘制

选择"视图"→"平面视图"命令，选择"楼层平面"选项，并在"新建楼层平面"对话框中将所有楼层标高选中，单击"确定"按钮，项目浏览器中"楼层平面"下将显示所有标高。

2. 轴网的绘制创建

(1)以 CAD 图纸为参照拾取绘制。在项目浏览器中楼层平面下双击"标高1"进入平面视图，选择"建筑"→"轴网"命令，绘制前应对轴网属性进行设置，在"属性"面板中可选择轴网的种类及编辑轴网的样式(图 2.1-8)。选择"拾取线"命令进行绘制(图 2.1-9)，按标号依次拾取 CAD 图纸上的轴网线，①/1轴线最后拾取，如图 2.1-10 所示。

图 2.1-8 轴网属性编辑　　　　　　　　**图 2.1-9 绘制轴网**

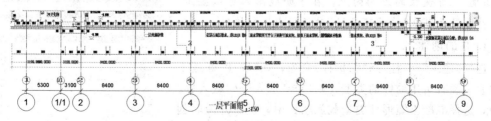

图 2.1-10 参照 CAD 图纸拾取轴网

用同样的方法拾取绘制水平轴网，轴网可选中进行编辑更改。

（2）参照图纸直接绘制。选择"建筑"→"轴网"命令，选择轴网类型后绘制，因为轴网间距均为 8 400，故可用"阵列"命令绘制。水平轴网可用"复制"命令进行绘制，①/D、②/F 、①/K轴线可以最后绘制，绘制完成后对轴网进行标头、样式编辑。轴网完成绘制后如图 2.1-11所示。

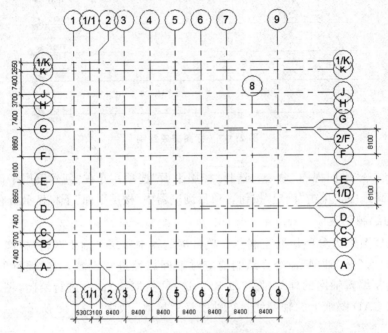

图 2.1-11　轴网完成绘制

2.2　一层模型建立

2.2.1　柱的创建

[分析图纸]　本项目结构柱为混凝土矩形柱，主要尺寸规格为"600×600""500×600"和"400×600"。柱的类型属性设置完成后，参照CAD图纸进行放置，放置时选择"高度"，可使柱的方向向上，在平面视图内可以显示。柱的截面显示可在"平面可见性"对话框内进行编辑。

1. 柱的创建

选择"建筑"→"柱"→"结构柱"命令，如"属性"面板下拉列表中没有可用的柱的类型，则选择"插入"→"载入族"命令，选择混凝土矩形柱类型载入项目中，复制并命名创建柱的类型，对柱的类型属性进行编辑，创建本项目所需的不同尺寸的矩形柱，如图 2.2-1 所示。

图 2.2-1　结构柱属性设置

设置柱的边界条件时，在选项栏中选择"高度"和"标高2"，如图2.2-2所示。放置时选择"在轴网处"选项，选择全部轴网，单击"完成"按钮完成放置，然后可按照图纸对柱进行位置编辑调整，也可在放置柱调整位置后进行复制。结构柱绘制完成后的效果如图2.2-3所示。

微课：柱的创建

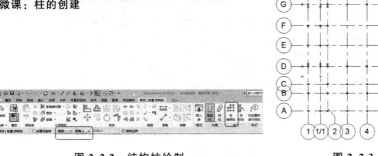

图 2.2-2　结构柱绘制

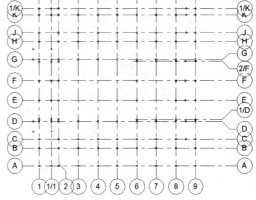

图 2.2-3　结构柱绘制完成

2. 柱的显示

为在平面视图中更清晰地显示柱，需要对柱在平面内的可见性进行设置。在平面视图中单击空白处，在"属性"面板中单击"可见性/图形替换"后的"编辑"按钮，系统弹出"可见性/图形替换"对话框。在对话框中，将结构柱的截面填充图案设置为实体填充，如图2.2-4所示。

图 2.2-4　结构柱在平面内的可见性设置

2.2.2　墙体创建

[分析图纸]　墙体的创建可分为墙体属性设置和墙体的绘制两部分。本项目图例中墙体共有四种类型：①200厚加气混凝土实心砌块墙；②300厚加气混凝土实心砌块墙；③100厚加气混凝土实心砌块墙；④200厚轻钢龙骨纸面石膏板墙。墙体要分别进行结构设置，按要求设置墙体厚度和材质。本项目外墙需要附加125 mm×2的保温层，可将保温层设置成外墙的一部分，保温层外附加装饰层。柱的部分需要设置包覆层，可创建保温层墙

体。墙体的绘制参照图纸拾取线，也可直接绘制，注意拐角、墙柱交接等节点的绘制。

选择"建筑"→"墙"→"墙：建筑"命令，选择墙体类型，复制并将墙命名为"外墙"或"轻钢龙骨石膏板墙"，创建墙体约束条件，即定位线为"面层面：内部"或"面层面：外部"，底部约束和顶部约束分别为"标高 1"和"标高 2"。墙体属性设置如图 2.2-5 所示。

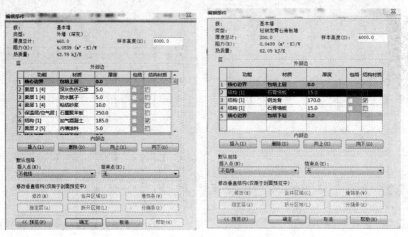

图 2.2-5　内、外墙属性设置

绘制时选择绿色"拾取线"（图 2.2-6），依次拾取 CAD 图纸墙线，注意墙体内外的区别，定位线为"面层面：内部"时，要拾取墙体的内边线。

图 2.2-6　墙体绘制

墙体绘制完成后的效果如图 2.2-7 所示。

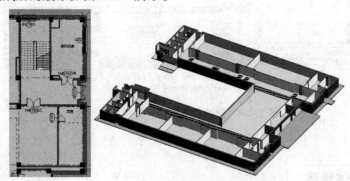

微课：墙体创建

图 2.2-7　墙体完成绘制

2.2.3　门窗族创建

[分析图纸]　本项目所有门窗，尤其是外墙门窗的节能要求高，结构复杂，需要自建

族库。根据项目门窗大样图，共有外窗、内窗、外门、防火门、门连窗等门窗类型。外窗和外门采用三层中空玻璃，可先创建中空玻璃族；外窗窗框轮廓一致，可创建轮廓族载入窗族内使用。以内窗 NC4024 和外窗 C3321 为例介绍窗族的创建过程。

1. 三层中空玻璃族创建

被动式节能建筑外墙窗为三层中空玻璃，玻璃参数为 6＋12a＋6＋12a＋6。玻璃采用"拉伸"命令创建，利用"复制"命令创建三层玻璃，材质为钢化玻璃，玻璃的底高度、高度可参数化设置，注意立面和平面内玻璃要与参照平面锁定，如图 2.2-8 所示。

微课：项目门窗介绍

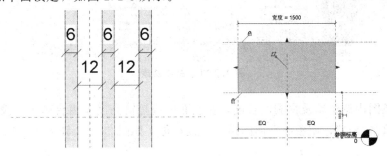

图 2.2-8　中空玻璃族创建

2. 窗框和窗扇轮廓族的创建

新建族，选择"公制轮廓"进入界面，选择"链接 CAD 图纸"→"门窗大样图"命令，利用"拾取线"命令拾取图纸线条绘制窗框和窗扇轮廓，如图 2.2-9 所示。

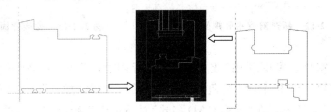

图 2.2-9　窗框和窗扇轮廓族创建

3. 窗族的创建

(1)NC4124 窗族创建。利用 CAD 快速浏览软件将门窗大样图进行单个门窗和窗框节点拆分，拆分后保存为 .dwg 格式，如图 2.2-10 所示。

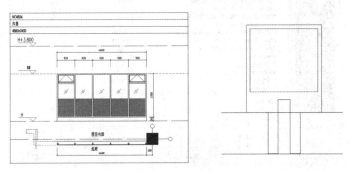

图 2.2-10　CAD 图纸拆分

新建族，选择"公制窗"选项，单击"打开"按钮（图 2.2-11）进入创建界面。

图 2.2-11　新建窗族

在平面视图内调整墙及窗洞的长度，在立面内调整窗高度及窗台高度；设置参照平面，标注尺寸后单击"EQ"，使参照平面间距一致且对称，如图 2.2-12 和图 2.2-13 所示。

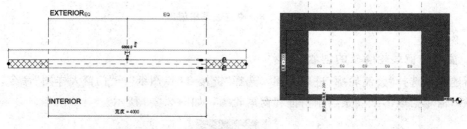

图 2.2-12　新建窗族平面视图　　　　　　　**图 2.2-13　窗族立面视图**

首先创建外周窗框。窗框利用"放样"命令进行创建，需要创建窗框轮廓族。新建族，选择"公制轮廓"选项，单击"打开"按钮进入创建界面，选择"插入"→"导入 CAD"命令，弹出"导入 CAD 格式"对话框，在"导入 CAD 格式"对话框中选择所需导入的 CAD 文件，调整"导入单位"为"毫米"，"定位"为"自动－中心到中心"，如图 2.2-14 所示。参照 CAD 图纸，利用"拾取线"命令绘制窗框截面轮廓，将轮廓族载入窗族内。

图 2.2-14　CAD 图纸导入设置

利用"放样"命令创建窗框，选择"创建"→"放样"命令，参照洞口绘制放样路径，如图 2.2-15 所示。选择轮廓后载入轮廓(图 2.2-16)，找到创建的窗框轮廓，调整轮廓方向位置后，单击"√"按钮，完成放样。

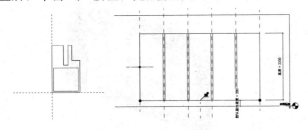

图 2.2-15 放样路径与轮廓

图 2.2-16 放样轮廓选择

创建内部窗框。同样导入 CAD 图纸，选择"创建"→"拉伸"命令，绘制前选择"拾取线"命令，拾取 CAD 图纸中的线条，形成封闭图形，单击"√"按钮完成拉伸，此后可删除导入的 CAD 图纸。利用"移动"命令将创建的窗框移动到参照平面位置，标注尺寸后单击"EQ"，使窗框锁定在参照平面上，这样窗的宽度改变时，窗框间距可保持均匀，如图 2.2-17 所示。

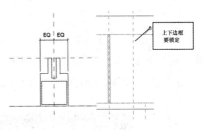

图 2.2-17 窗框的轮廓及创建拉伸

利用"对齐"命令将窗框上下边和外周窗框锁定。利用"阵列"命令复制 4 个窗框，间距为参照平面间距，如图 2.2-18 所示。阵列后的窗框平面图和立面图如图 2.2-19 所示。

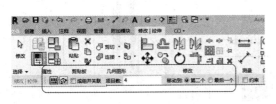

图 2.2-18 阵列命令设置

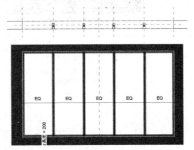

图 2.2-19 阵列后的窗框平面图、立面图

创建窗扇。根据 CAD 图纸尺寸绘制参照平面，利用"拉伸"命令创建窗扇，绘制矩形窗扇后锁定，窗扇的宽度、厚度根据图纸设置，窗开启线用注释线中的"符号线"表示，如图 2.2-20 所示。窗扇完成后镜像到另一侧。

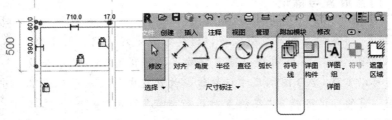

图 2.2-20 窗扇创建过程

创建玻璃。利用"拉伸"命令创建玻璃，上部材质为玻璃，下部材质设置为防火玻璃。

NC4124 绘制完成的平面及效果图如图 2.2-21 所示。通过更改窗的宽度和高度参数可以获得 NC3924、NC4024、NC4224、NC4524、NC4624、NC3925、NC4225 等一系列内窗。

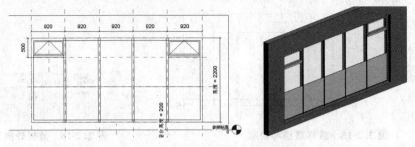

图 2.2-21　NC4124 完成平面及效果图

(2)C3321 外窗创建。新建族，选择"公制窗"选项，单击"打开"按钮进入创建界面，编辑墙体厚度为 460，按需要绘制参照平面。将窗的高度、宽度、底高度参数化，以便编辑同类型不同尺寸的窗族。窗的异形截面可以导入 CAD 图纸用拾取线绘制，具体创建过程如图 2.2-22 所示。

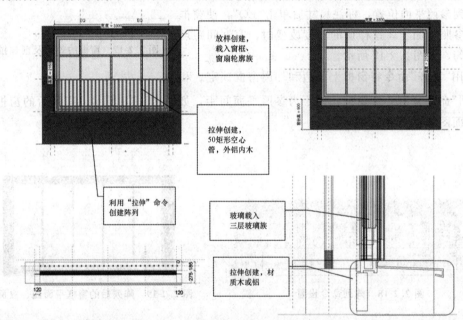

图 2.2-22　C3321 创建过程及效果图

2.2.4　门窗放置与标记

[分析图纸]　门窗的类型、数量较多，创建时首先定义门窗的类型，然后参照图纸放置，如有多个同种门窗需要放置，可利用"复制"命令放置。复制时，可以参照 CAD 图纸尺寸标注线，放置完成的窗水平位置准确，无须调整。窗的标记可指定"在放置时进行标记"和在"注释"内选择"按类型标记"或"全部标记"。

微课：门窗
放置与标记

1. 窗的放置

选择"建筑"→"窗"命令，在"属性"面板中选择窗的类型，编辑窗的尺寸，按要求调整底高度，窗如需标记，选择"在放置时进行标记"选项。门窗直接放置到图示位置后，单击空格键进行内外调整，利用"对齐"命令对门窗位置精确调整，利用"复制"命令进行多个同种门窗放置，如图2.2-23所示。

2. 窗的标记

放置窗前，可在"修改｜放置窗"选项卡中选中"在放置时进行标记"选项。如窗放置时未进行标记，则可选择"注释"→"标记"→"全部标记"命令，系统弹出"标记所有未标记的对象"对话框，在对话框中"窗标记"前的框内打对勾，同时，可编辑引线长度及设置标记方向水平或垂直，如图2.2-24所示。

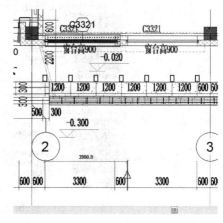

图2.2-23　窗的复制

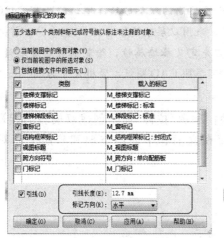

图2.2-24　窗的标记

如窗的标记和类型不符，可选中窗，单击鼠标右键，在弹出的快捷菜单中选择"选择全部实例"→"在视图中可见"命令，选中全部同类型窗，统一编辑窗的标记。

选中"窗标记"，可编辑标记属性，更改标记水平或垂直方向显示，如图2.2-25所示。

3. 门的创建与放置

防火门可从"载入族"→"消防"→"建筑"→"防火门"载入，如图2.2-26所示。防火门的尺寸可通过编辑属性进行更改。放置门时，注意调整门的开合方向与位置，门的标记方法与窗的相同。

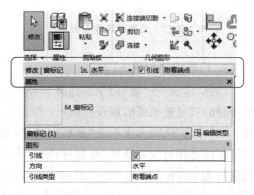

图2.2-25　窗的标记设置

图 2.2-26 防火门的载入

2.2.5 幕墙创建

[分析图纸] 本项目西立面有 2 处六层楼高的双层玻璃幕墙，门连窗(MLC)也可用幕墙来创建。本项目为提高幕墙的保温节能效果，采用双层玻璃幕墙(6＋12a＋6)，首先要创建"双层玻璃幕墙嵌板族"。创建双层玻璃幕墙时，首先定义幕墙属性，绘制前可在幕墙处创建剖面，在剖面内绘制幕墙网格与竖梃，网格规格尺寸可参照 CAD 图纸，竖梃尺寸为 50 mm×100 mm。

1. 双层玻璃幕墙嵌板族

新建族，选择"公制幕墙嵌板"选项，利用"拉伸"命令创建双层玻璃族，双层玻璃幕墙嵌板族平面尺寸参见 CAD 图纸，注意在立面和平面内玻璃和参照平面对齐后锁定，如图 2.2-27 和图 2.2-28 所示。

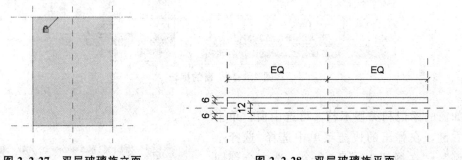

图 2.2-27 双层玻璃族立面   图 2.2-28 双层玻璃族平面

2. 门连窗的创建

选择"建筑"→"墙"命令，选择幕墙，复制后命名为"双层玻璃幕墙"。编辑幕墙属性，将新建的双层玻璃幕墙嵌板族载入(图 2.2-29)，参照门窗大样的 CAD 图纸所示尺寸绘制幕墙。在"建筑"选项卡中单击"幕墙网格"按钮，拾取线建立幕墙网格；单击"竖梃"按钮，编辑竖梃尺寸和材质，选择"全部网格线"命令，在所有网格上放置竖梃(图 2.2-30)，横向竖梃规格为 150 mm×50 mm，竖向竖梃规格为 100 mm×300 mm，利用"插入"→"载入族"→"建筑"→"幕墙"→"门窗嵌板"命令载入幕墙门嵌板，将鼠标放在嵌板边缘，按 Tab 键将选中幕墙嵌板替换成门嵌板，如图 2.2-31 所示。绘制完成的门连窗效果如图 2.2-32 所示。

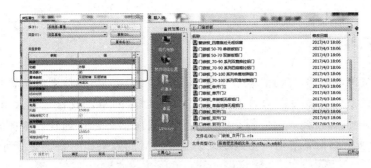

图 2.2-29　幕墙嵌板的设置与载入

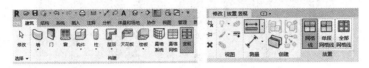

图 2.2-30　幕墙竖梃的创建

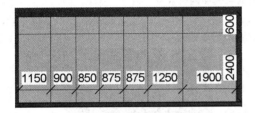

图 2.2-31　门连窗幕墙网格设置

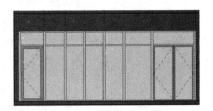

图 2.2-32　门连窗效果图

3. ①~⑫/①~⑥轴六层幕墙的创建

选择"建筑"→"墙"→"墙：建筑"命令，在"属性"面板中选择"双层玻璃幕墙"选项，按照 CAD 图纸位置尺寸绘制幕墙，设置幕墙的约束如图 2.2-33(a)所示。在幕墙处创建剖面，单击鼠标右键转到剖面视图。单击"幕墙网格"按钮，按照 850/900/1 100/1 650 创建底部水平网格，按照 1 100/1 100/1 650 循环创建上部水平网格，按照 925/900/949 创建垂直网格 [图 2.2-33(b)]。单击"竖梃"按钮，编辑竖梃尺寸为 50 mm×100 mm，在网格上放置竖梃。利用"插入"→"载入族"命令载入"幕墙窗嵌板"[图 2.2-33(c)]，按 Tab 键将选中幕墙嵌板替换成窗嵌板。①轴幕墙完成后"镜像"到⑥轴，幕墙绘制完成后的效果如图 2.2-34 所示。

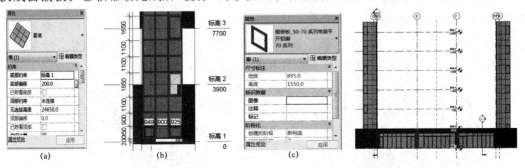

图 2.2-33　幕墙绘制

图 2.2-34　幕墙绘制完成后的效果图

2.2.6 门斗创建

门斗墙体按幕墙创建，选择"双层玻璃幕墙"选项，按照 CAD 图纸位置尺寸绘制幕墙，设置幕墙的约束条件。按照图 2.2-35 所示的尺寸创建网格，放置竖梃尺寸为 100 mm×300 mm，将选中嵌板替换成门嵌板。门斗屋顶可选用楼板进行创建，楼板属性为铝塑板，可按图 2.2-36 所示编辑其结构。参照图纸绘制完成后的效果如图 2.2-37 所示。

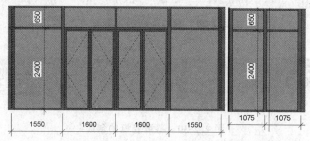

图 2.2-35　门斗前面与侧面网格尺寸

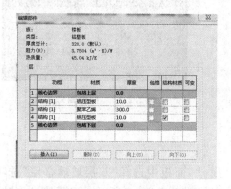

图 2.2-36　门斗屋顶属性设置

图 2.2-37　门斗效果图

2.2.7 楼板创建

[分析图纸]　室内楼板属性定义主要是结构层设置，共有 5 层，楼板的绘制采用"拾取线"或"拾取墙"命令，拾取后可采用"修剪"命令形成封闭图形(图 2.2-38)。走廊带坡度的楼板可利用"修改子图元"命令建立坡度，也可利用楼板"坡度箭头"命令创建坡度。绘制时应注意楼板的高程，有高程变化的楼板要在约束条件内设置偏移。

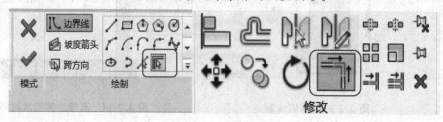

图 2.2-38　楼板绘制

1. 室内楼板绘制

选择"建筑"→"楼板"命令，在"属性"面板中编辑楼板属性，按图2.2-39所示创建常规室内楼板。绘制时，选择"拾取墙"命令，利用"修剪"命令形成封闭图形。绘制完成后，单击"完成编辑模式"按钮，如有错误，系统会弹出提示，错误部分以橘红色显示，根据系统提示的错误进行修改，直至完成即可。创建完成的楼板如图2.2-40所示。

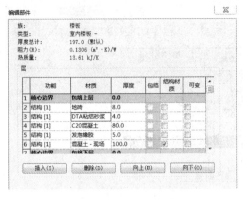

图2.2-39 楼板编辑

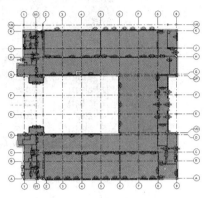

图2.2-40 楼板创建完成

2. 走廊带坡度楼板的创建与绘制

一层走廊楼板带有1%的坡度，绘制时应与楼层楼板分开，最好能够单独绘制，绘制完成后进行形状编辑，单击"修改子图元"按钮，单击楼板外侧的所有点，更改其高度，从而使楼板具有坡度，如图2.2-41所示。本项目将靠楼板外面的点下降16 mm，即形成1%的坡度。也可利用楼板坡度箭头进行坡度的创建，编辑楼板轮廓，绘制坡度箭头。坡度设置如图2.2-42所示。

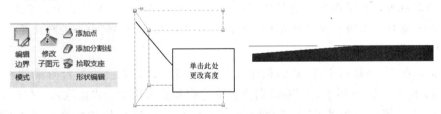

图2.2-41 修改子图元创建坡度

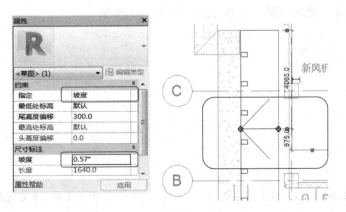

图2.2-42 坡度箭头创建坡度

3. 室外门口平台的创建

利用楼板创建，参照图纸"拾取线"进行绘制。楼板属性设置如图2.2-43所示。

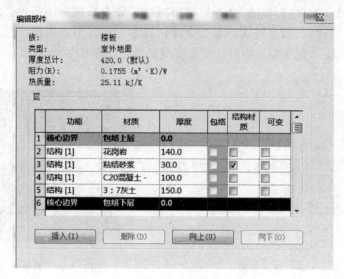

图2.2-43　室外门口平台结构设置

2.2.8　台阶、散水、坡道和走廊柱创建

[分析图纸]　台阶、散水可利用"楼板：楼板边"命令进行绘制，创建台阶、散水族后载入项目中在楼板边放置即可。本项目东大门门口坡道利用"坡道"命令创建，主要设置坡道坡度；矩形柱可以利用内建模型创建，或者创建"公制柱"族载入项目中，后者利于修改和利于明细表创建。本项目模型中各柱间距固定，可以利用"阵列"命令进行放置。

1. 台阶、散水的创建

新建族，在"选择样板文件"对话框中选择"公制轮廓"，直接绘制台阶或散水的轮廓，如图2.2-44和图2.2-45所示。将族命名为台阶轮廓和散水轮廓，将族载入项目后，编辑楼板边缘的属性设置。在轮廓中选择台阶或散水轮廓，创建楼板边缘类型为台阶或散水（图2.2-46）。选择"楼板"→"楼板：楼板边"命令，选择类型，绘制时选中楼板边后单击鼠标左键即可。台阶、散水绘制完成的效果如图2.2-47所示。

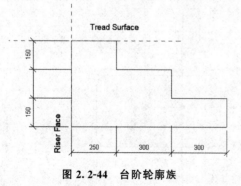

图2.2-44　台阶轮廓族

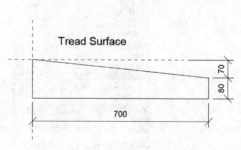

图2.2-45　散水轮廓族

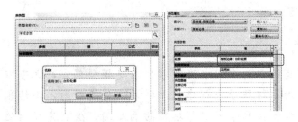

图 2.2-46　楼板边缘设置　　　　　　　图 2.2-47　台阶、散水完成效果图

2. 坡道的创建

选择"建筑"→"坡道"命令进行创建。坡道的属性设置如图 2.2-48 所示，注意设置坡道的坡度，参照图纸确定起点和终点完成绘制。

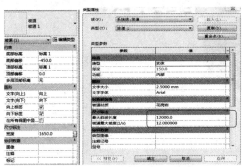

图 2.2-48　坡道的属性设置

对于坡道扶栏 50 mm 高挡台的绘制，需创建轮廓族。新建族，选择"公制轮廓－扶栏"选项，创建轮廓，如图 2.2-49 所示，然后载入项目中，在"类型属性"对话框"扶栏结构"中进行编辑。坡道绘制完成后的效果如图 2.2-50 所示。

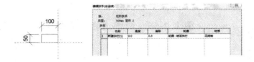

图 2.2-49　坡道扶栏的创建　　　　　　图 2.2-50　坡道绘制完成后的效果图

3. 走廊矩形柱的创建

新建族，选择"公制柱"选项，利用"拉伸"命令创建矩形空心柱，创建时将柱的高度参数化，注意模型与参照平面锁定。矩形空心柱的尺寸如图 2.2-51 所示。走廊柱绘制完成后的效果如图 2.2-52 所示。

图 2.2-51　矩形空心柱族的创建　　　　图 2.2-52　走廊柱绘制完成后的效果图

2.2.9　带雨水箅的雨水沟创建

[分析图纸]　绕建筑物一周均设计有雨水沟。雨水沟可以用内建模型创建，也可以创建族，还可以用栏杆扶手创建。本项目用栏杆扶手来创建，此种方法创建的雨水沟绘制简单，直接绘制或拾取路径即可，而且可绘制弧形等不规则路径的雨水沟。绘制完成后的雨水沟效果图如图 2.2-53 所示。

首先创建扶栏族和栏杆族。新建族，选择"公制轮廓－扶栏"选项，创建雨水箅的水平轮廓，如图 2.2-54 所示。同样创建雨水沟的轮廓，如图 2.2-55 所示。将新建轮廓族命名，并载入项目中。

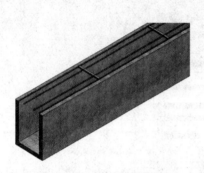

图 2.2-53　雨水沟效果图

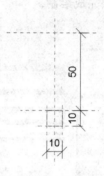

图 2.2-54　雨水箅

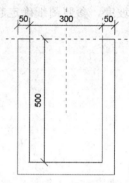

图 2.2-55　雨水沟

新建族，选择"公制栏杆"选项，利用"拉伸"命令创建雨水箅栏杆，如图 2.2-56 所示，将新建族命名，并载入项目中。

选择"建筑"→"栏杆扶手"→"绘制路径"命令，首先，对栏杆扶手类型属性进行设置，顶部扶栏选择"否"，设置扶栏结构如图 2.2-57

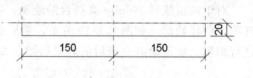

图 2.2-56　雨水沟栏杆族的创建

所示。扶栏结构选择新建轮廓族，主要是设置偏移，偏移后形成雨水箅，四根杆均匀分布。栏杆位置的设置主要是栏杆族选用新建族，如图 2.2-58 所示。

注意：雨水沟所在位置在有场地时要利用子面域开槽。

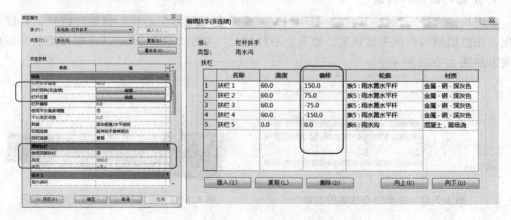

图 2.2-57　扶栏结构的设置

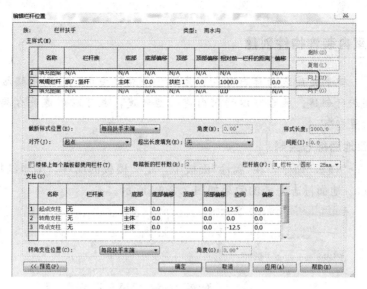

图 2.2-58　栏杆位置的设置

2.2.10　卫生间创建

[分析图纸]　根据卫生间大样图,卫生间隔断可用墙体创建,门可选择单扇门,卫生洁具需要载入,主要种类有蹲便器、小便池、洗漱台、纸巾盒等。

1. 卫生间隔断

选择"建筑"→"墙"命令,编辑墙的属性,如图 2.2-59 所示,约束可设置无连接高度为2 500。利用"拾取线"命令绘制隔断。选择"门"命令,并选择单扇门按位置放置。

2. 卫生洁具的放置

选择"插入"→"载入族"→"建筑"→"卫生器具"选项,选择相应的构件,单击"打开"按钮。在项目内选择"建筑"→"构件"→"放置构件"命令,在相应位置放置卫生洁具,如图 2.2-60所示。

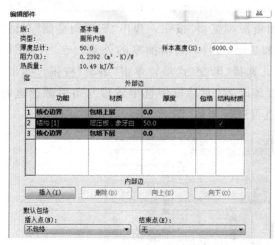

图 2.2-59　卫生间隔断设置

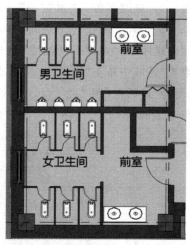

图 2.2-60　卫生间卫生洁具放置

2.2.11 室内装饰构件创建

[分析图纸] 疏散走廊地面标志可设置为黑黄条或红白条,可利用楼板进行创建,也可利用内建模型进行创建。展台可以利用内建模型创建,也可以创建展台族,创建完成后载入项目直接放置即可。

1. 疏散走廊地面标志绘制

选择"建筑"→"楼板"命令,在"属性"面板中,定义楼板的属性,编辑结构材质和厚度,如图 2.2-61 所示。地面标志完成的效果如图 2.2-62 所示。

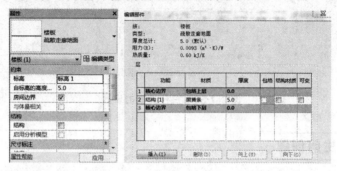

图 2.2-61　地面标志属性设置

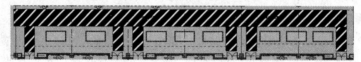

图 2.2-62　地面标志完成的效果图

其中,黑黄条材质的编辑如下:

单击编辑部件内的"材质"按钮,弹出"材质浏览器"对话框,选择涂料进行"复制"并"重命名",更改名称为"黑黄条"。在"外观"选项卡中单击右上角的"复制此资源"按钮[图 2.2-63(a)]。单击左下角的"打开/关闭资源浏览器"按钮,弹出"资源浏览器"对话框,选择"外观库"→"油漆"→"油漆"选项[图 2.2-63(b)],编辑油漆的外观,在"外观"选项卡"常规"区域中单击"图像"右边的小三角,选择"渐变"选项,单击"编辑"按钮,弹出"纹理编辑器"对话框[图 2.2-64(a)]。在"纹理编辑器"对话框中选中盾形三角对颜色进行编辑[图 2.2-64(b)]。"比例"和"旋转角度"也可进行调整[图 2.2-64(c)]。

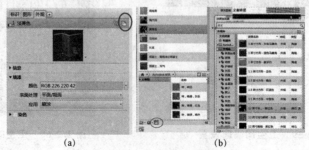

(a)　　　　　　　　　　　(b)

图 2.2-63　黑黄条材质编辑

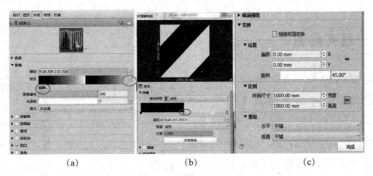

(a)   (b)   (c)

图 2. 2-64　黑黄条材质的设置

2. 展台的创建

新建族，选择"公制常规模型"选项，利用"拉伸"或"放样"命令进行创建。展台尺寸如图 2.2-65 所示，也可自定。展台创建完成后的效果如图 2.2-66 所示。

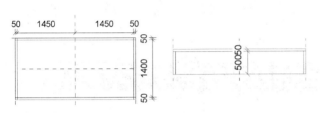

图 2. 2-65　展台平面图、立面图　　　　**图 2. 2-66　展台创建完成后的效果图**

2.2.12　房间分割与创建

[**分析图纸**]　封闭的房间可直接创建，未分割的房间可利用"房间分割"命令先分割再创建，创建的同时可进行标记，编辑标记可设置房间的功能名称。

选择"建筑"→"房间和面积"→"房间分割"命令，对房间按图纸进行分割。选择"建筑"→"房间和面积"→"房间"命令，选中"在放置时进行标记"选项，对房间进行创建(图 2.2-67)。房间创建完毕，可单击房间更改房间名称。房间标记的类型可以选择，有带面积和不带面积之分，有不同的字体可以选择，类型属性也可以编辑，可拖拽蓝色星号对标记进行位置调整，如图 2.2-68 所示。

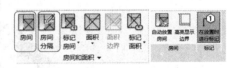

图 2. 2-67　房间创建

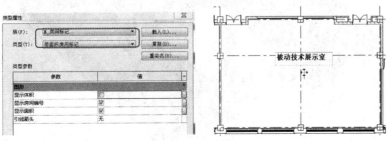

图 2. 2-68　房间标记

2.2.13 一层完成图

一层建模完成后，与 CAD 图纸对照检查是否有疏漏或错误，尤其是墙体的内外、拐角处连接，门窗类型、尺寸、位置和数量是否正确(图 2.2-69)；从立面检查墙体、柱和楼板的标高，检查窗的底部标高是否正确(图 2.2-70 和图 2.2-71)；在三维视图内检查整体效果、颜色搭配等(图 2.2-72)。

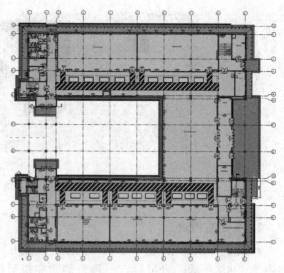

图 2.2-69　一层平面图

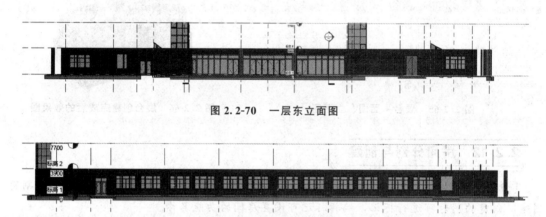

图 2.2-70　一层东立面图

图 2.2-71　一层南立面图

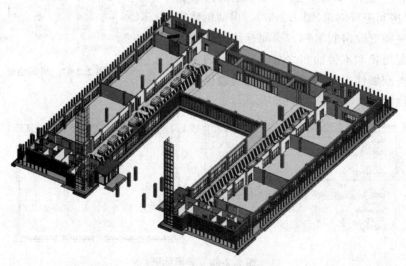

图 2.2-72　一层三维效果图

2.3 二～六层模型建立

2.3.1 准备工作

[**分析任务**] 二层 CAD 图纸导入后，调整图纸位置与一层模型吻合。审图分析一层、二层的共同点与区别，观察哪些模型可以直接使用。对可直接使用的模型可以选择后进行复制。

1. CAD 图纸导入

选择"插入"→"导入 CAD"命令，将二层 CAD 图纸导入 Revit 中，具体操作过程参照前述"一层模型建立"。如 CAD 图纸和模型不符合，可选中图纸，利用"移动"命令进行位置调整（图 2.3-1）。当图纸不能平移时，则需要对图纸进行解锁。移动时可利用模型的轴网交叉点作为参照点，也可先平移水平轴，再平移垂直轴，注意平移时应勾选"约束"选项，如图 2.3-2 所示，调整后的图纸锁定。

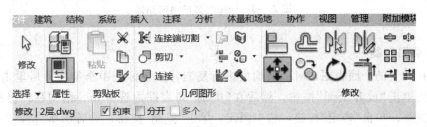

图 2.3-1 导入 CAD 图纸的调整

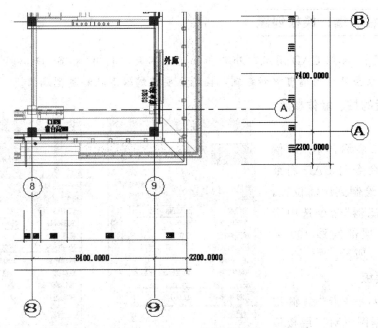

图 2.3-2 CAD 图纸的平移

2. 审图

观察二层CAD图纸和一层的主要区别，相同的部分可以直接复制(图2.3-3)。与一层相比，二层外墙基本一致，内墙有变化；柱基本一致；二层增加了外廊、连廊；地板有漏空处，有种植屋面；门窗类型、位置变化较大，需要重新创建；卫生间布局与构件基本一致；室内构件基本一致，除卫生间外，其余房间发生变化；东大门处幕墙发生变化。

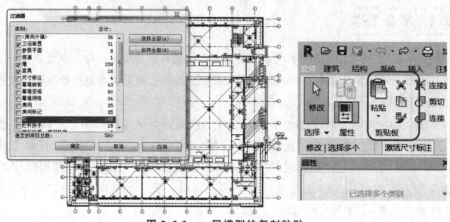

图 2.3-3　一层模型的复制粘贴

3. 楼层间复制

进入标高1的平面视图，对一层构件进行复制，用鼠标选中全部构件后单击"过滤器"按钮，首先单击"放弃全部"按钮，然后在"类别"列表框内选择墙、结构柱、楼板、家具、卫浴、门窗等；单击"确定"按钮，选中图元；单击"复制"按钮，然后选择"粘贴"→"与选定的标高对齐"命令。

2.3.2　柱、墙、楼板创建

[分析图纸]　参照CAD图纸，外墙和柱变化不大，利用"对齐"命令调整柱、墙的位置，编辑其约束条件，内墙可重新绘制，楼板主要是编辑形状和类型属性。

1. 复制后的柱、墙体参照图纸调整

复制的二层墙体利用"偏移"或"对齐"命令与CAD图纸对齐，将外墙绘制到所需位置，分别利用"过滤器"命令选中全部墙、柱，将顶部偏移100去除，如图2.3-4所示。

2. 二层楼板

选中楼板，单击"编辑边界"按钮，根据图纸对二层楼板形状进行编辑，主要将漏空处

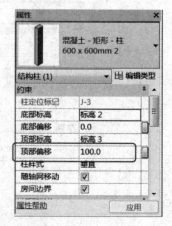

图 2.3-4　墙、柱约束的设置

修正(图 2.3-5)，单击"完成编辑模式"按钮完成编辑。编辑时应注意楼板的高程设置。

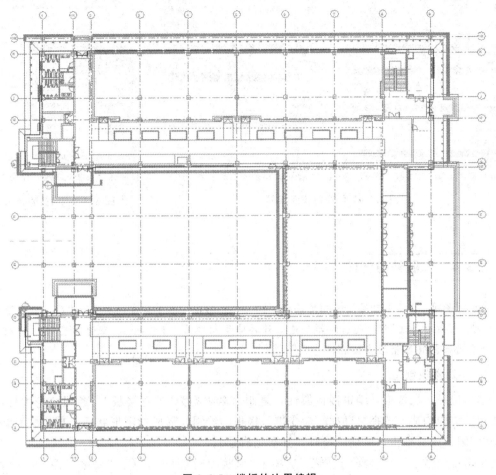

图 2.3-5　楼板的边界编辑

2.3.3　二层门窗创建

[分析图纸]　同类型不同尺寸的窗可通过编辑属性、更改门窗尺寸等来实现。新类型的窗则需要创建窗族并载入项目中，新建族要求将窗长度、高度尺寸参数化。

1. 同类型窗创建

选中同族的门或窗，在"属性"面板中单击"编辑类型"按钮，系统弹出"类型属性"对话框，在对话框中单击"复制"按钮，重新命名为新类型，编辑门窗尺寸，将门窗替换成图纸所示的类型和尺寸(图 2.3-6)，在 CAD 图示位置进行放置。

2. 门窗的标记

选择"注释"→"标记"→"全部标记"命令，在弹出的"标记所有未标记的对象"对话框中勾选"窗标记"和"门标记"，如图 2.3-7 所示。

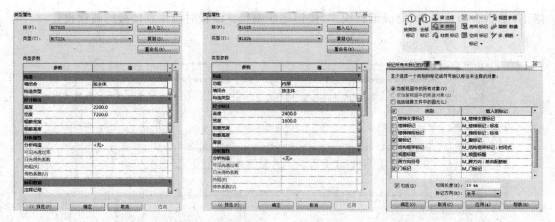

图 2.3-6　门窗的类型编辑　　　　　　　　　　　　图 2.3-7　门窗的标记

2.3.4　二层外廊创建

[分析图纸]　二层外廊楼板高度偏移—20 mm，向每个落水口方向有1‰坡度，可以选中楼板，利用"修改子图元"命令进行编辑创建；外廊墙体高度为1 100 mm，底部高度有—20 mm偏移，可创建新墙体类型后直接绘制。

1. 外廊楼板创建

单击选择一层楼板，编辑楼板属性，复制命名类型为"外廊楼板"，参照墙身大样图编辑楼板的结构构造，选择"拾取线"命令进行楼板的绘制，形成封闭形状后，单击"完成编辑模式"按钮。如有报错，可继续修改，直至完成绘制。

单击选中楼板，在"修改｜楼板"选项卡"形状编辑"面板中单击"修改子图元"和"添加点"按钮，在落水口处和轴网交叉点处单击放置点，选择"修改子图元"命令将落水口处点的高度设置为—10（因为楼板宽度为1 000 mm，乘以1‰的坡度后在落水口处降高为10 mm），其他点的高度不变，如图2.3-8所示。按 Esc 键退出，楼板坡度创建完成。

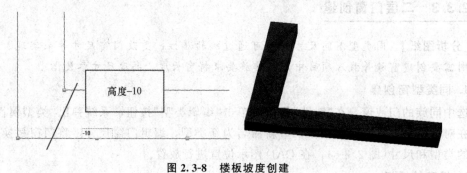

图 2.3-8　楼板坡度创建

2. 外廊墙体创建

选择"建筑"→"墙"命令创建外廊墙类型及结构，设置约束条件，如图2.3-9所示。利用"拾取线"命令进行绘制，绘制时应注意墙的内外方向。

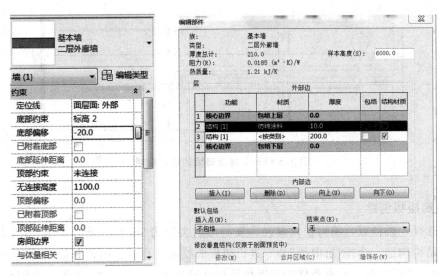

图 2.3-9 外廊墙的设置

2.3.5 西开敞连廊创建

[分析图纸] 西开敞连廊楼板高度偏移为 $-20\ \text{mm}$，1‰的坡度，可以选中楼板，利用"坡度箭头"命令进行编辑创建；连廊墙体高度为 $1\ 900\ \text{mm}$，底部高度有 $-800\ \text{mm}$ 偏移，可创建新墙体类型直接绘制；种植屋面可利用楼板进行创建。

1. 连廊墙创建

选择"建筑"→"墙"命令，创建连廊墙的类型及结构，设置约束条件，如图 2.3-10 所示，利用"拾取线"命令进行绘制，绘制时应注意墙的内外方向。

图 2.3-10 连廊墙的设置

选中墙体，单击"编辑轮廓"按钮，对墙体的形状进行编辑，如图 2.3-11 所示。

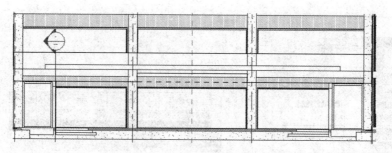

图 2.3-11　二层连廊墙的形状编辑

2. 连廊楼板创建

单击选择一层楼板，编辑楼板属性，复制命名类型为"连廊楼板"，参照墙身大样图编辑楼板的结构构造，选择"拾取线"命令进行楼板的绘制，形成封闭形状后，单击"完成编辑模式"按钮，完成绘制。约束条件内设置楼板标高偏移－20。单击"坡度箭头"按钮，沿坡度方向绘制坡度箭头，设置坡度为1‰，如图 2.3-12 所示。

二层连廊绘制完成后的效果如图 2.3-13 所示。

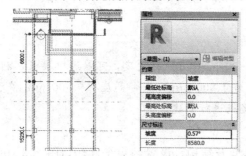

图 2.3-12　连廊楼板坡度创建

图 2.3-13　二层连廊绘制完成后的效果图

3. 种植屋面

绿植围挡用高度为 300 mm 的矮墙创建。覆土层用楼板创建，复制创建绿植类型，编辑楼板结构，如图 2.3-14 所示。

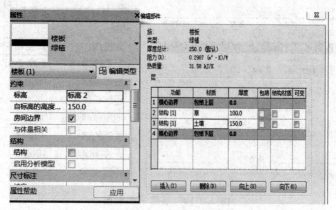

图 2.3-14　绿植屋面的创建

2.3.6　房间与标记

在标高 1 中将所有图元选中，单击"过滤器"按钮，在"过滤器"对话框中单击"放弃全部"按钮，再在"类别"列表框中勾选"房间"与"房间标记"，单击"确定"按钮（图 2.3-15），然后选择"复制"→"粘贴"→"与选定的视图对齐"→"标高 2"选项，将房间及标记复制到标高 2，然后按照图纸对房间与名称进行修正。

二层外廊创建完成后的效果如图 2.3-16 所示。

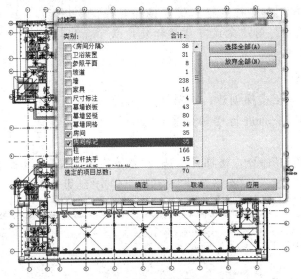

图 2.3-15　房间与房间标记创建

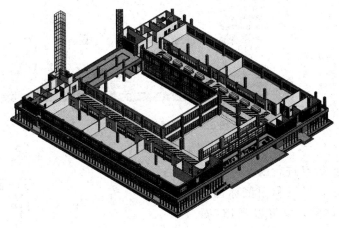

图 2.3-16　二层外廊创建完成后的效果图

2.3.7　楼梯创建

[分析图纸]　楼梯的创建主要关注三个要素，即楼梯宽度、踏板深度、踢面高度或踢面数量。另外，还要考虑楼梯的起始点、转折点，调整平台的尺寸等。以本项目 2#楼梯为

49

例，楼梯宽度为 1 800 mm，楼梯间距为 150 mm，踏板深度各楼层一致，均为 300 mm，踢面高度一致，均为 145 mm，各楼层层高不同，踢面数量也就不同，标准楼层"所需踢面数"为 36。另外，各楼层楼梯的起始点和转折点不同，需要创建参照平面定位起始点和转折点。不同标高楼层间楼梯相同时，可利用"剪贴板"进行复制，连续楼梯间楼梯相同时，可利用多层楼梯，编辑楼层标高实现。楼梯在平台处无扶手，栏杆扶手需要重新编辑。创建楼梯时，平台下横梁可同时放置。创建完成可从楼梯处建立剖面来检查是否与图纸一致。

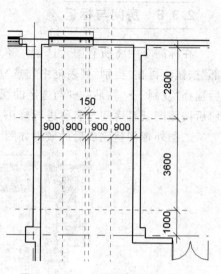

图 2.3-17　一层楼梯参照平面创建

1. 一层楼梯创建

打开标高 1 进行一层楼梯创建。首先单击"参照平面"按钮，创建参照平面进行楼梯位置定位，如图 2.3-17 所示。

选择"建筑"→"楼梯"命令，楼梯种类选择"整体浇筑楼梯"，设置楼梯宽度、所需踢面数和实际踏板深度等参数，在"类型属性"对话框里勾选"结束于踢面"，如图 2.3-18 所示。

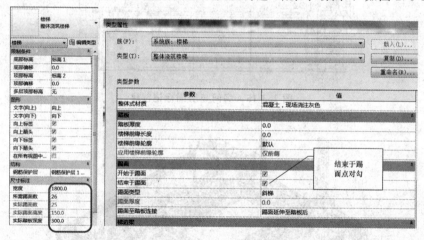

图 2.3-18　楼梯的设置

按起始点和转折点进行绘制，如平台尺寸不符合要求，可以利用鼠标选中绿色线进行拖拽调整，也可以利用"对齐"命令进行调整。单击"完成编辑模式"按钮，完成楼梯的创建，如图 2.3-19 所示。

2. 楼梯扶手创建

选中楼梯扶手图元，选择类型为"900 mm 矩形"，单击"编辑路径"按钮

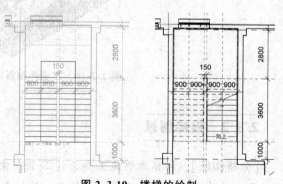

图 2.3-19　楼梯的绘制

（图 2.3-20），扶手路径紫色显示时进入编辑状态，删除多余的线条，仅留取梯段左侧的扶手，单击"完成编辑模式"按钮完成。单击选中左侧扶手后，利用"镜像－绘制轴"命令镜像到右侧，这样多余的扶手就去掉了，如图 2.3-21 所示。

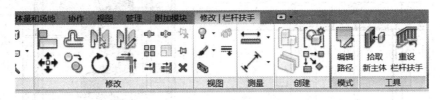

图 2.3-20　栏杆扶手编辑

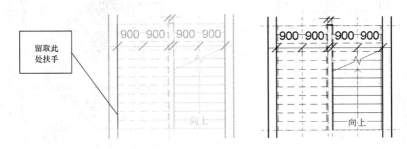

图 2.3-21　扶手路径编辑

3. 二层以上楼梯创建

二层楼梯创建过程同一层，绘制参照平面后，设置楼梯属性，绘制楼梯，如图 2.3-22 所示。

三～五层楼梯创建。绘制前可先将下层楼梯隐藏，创建过程同一层。绘制参照平面后，设置楼梯属性，绘制楼梯。由于三～五层楼梯相同，可以利用"剪贴板"进行楼层间的复制，选择"与选定的标高对齐"，在"选择标高"对话框中多选标高 4 和标高 5，单击"确定"按钮，完成创建；也可以在楼梯限制条件中进行设置，多层顶部标高选为标高 6，完成创建，如图 2.3-23 所示。

选择"视图"→"剖面"命令（图 2.3-24），在楼梯处创建剖面，转到剖面视图，检查楼梯是否符合图纸要求，如图 2.3-25 所示。

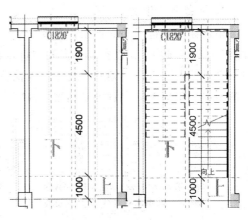

图 2.3-22　二层楼梯创建

图 2.3-23　三～五层楼梯创建

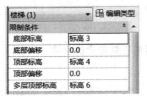

图 2.3-24　楼梯剖面创建

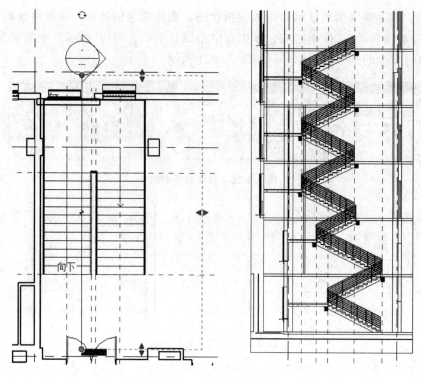

图 2.3-25　楼梯剖面

4. 平台下梁创建

单击标高 3 进入平面视图，选择"结构"→"梁"命令，载入"矩形梁"族，编辑其类型属性[图 2.3-26(a)]；在楼梯起始点和转折点绘制矩形梁，如图 2.3-26(b)所示。选中梁，编辑限制条件内起点标高偏移和终点标高偏移[图 2.3-26(c)]，利用"复制"命令将梁复制到不同的楼层，矩形梁的位置可以利用"移动"命令进行微调。

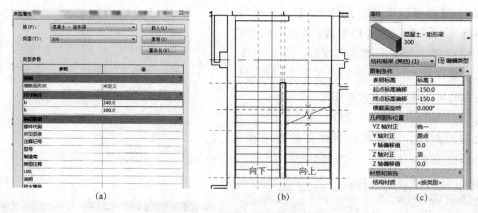

| (a) | (b) | (c) |

图 2.3-26　楼梯下矩形梁的创建

矩形梁尺寸较小，为了在剖面图中显示得更清楚，需要对楼梯截面进行设置，在"视图"选项卡中单击"可见性/图形"按钮，进入编辑界面，选中"结构框架"，对截面"填充图案"进行设置，如图 2.3-27 所示。

图 2.3-27　楼梯下矩形梁的显示设置

2.3.8　吊顶创建

[分析图纸]　根据 CAD 图纸中的立面剖面图，一层在展示区设有吊顶，高度为 2 500 mm，吊顶可以用天花板进行创建，有自动创建天花板和绘制天花板两种方法。

选择"建筑"→"天花板"命令，选择天花板类型，复制并命名为"吊顶"，编辑天花板的构造，限制条件内"自标高的高度偏移"设置为 2 500 mm，如图 2.3-28 所示。选择"绘制天花板"→"拾取墙"命令，形成封闭形状，完成吊顶的创建，如图 2.3-29 所示。

三～六层与地下一层的创建方法相同，在此不再赘述。

图 2.3-28　天花板的设置

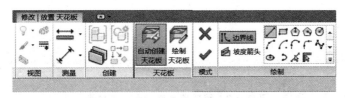

图 2.3-29　天花板的绘制

2.4 屋顶建模

2.4.1 屋顶创建

[分析图纸]　本项目屋顶垂直于屋脊方向有2‰的坡度，与屋脊水平的方向在屋檐处400 mm内沿落水管方向有1‰的坡度，创建时利用"修改子图元"来实现垂直于水平坡度。

选择"建筑"→"屋顶"→"迹线屋顶"命令，编辑屋顶类型属性(图2.4-1)，复制并命名为"屋顶"，利用"拾取线"命令进行绘制，绘制时不勾选"定义坡度"，单击"完成编辑模式"按钮，完成屋顶绘制。选中屋顶，单击"修改子图元"→"添加点"或"添加分割线"按钮(图2.4-2)，在屋顶中心和屋檐400 mm内添加分割线，屋顶中心分割线各点高度为"200"，屋檐分割线上各点编辑高度为"0"，在落水口和轴网处"添加点"，编辑落水口处高度为"−4"，轴网处高度为"0"，如图2.4-3和图2.4-4所示。

图 2.4-1　屋顶的设置　　　　　　　　　　图 2.4-2　屋顶坡度创建

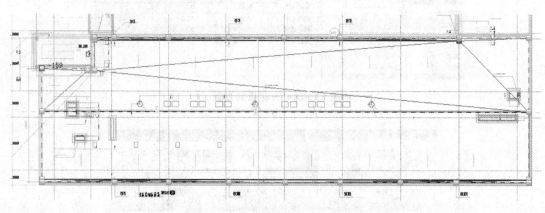

图 2.4-3　屋顶坡度添加点、添加线

2.4.2　女儿墙绘制

[分析图纸]　参照 CAD 图纸在屋顶四周绘制女儿墙，女儿墙高度为1 700 mm，女儿墙造型可利用装饰条进行创建。

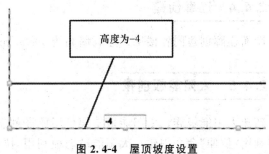

图 2.4-4　屋顶坡度设置

新建族，选择"公制轮廓—分隔条"选项，创建女儿墙装饰条轮廓，如图 2.4-5 所示，载入项目。

创建女儿墙的墙体类型，在"编辑部件"对话框中编辑墙体结构构造，在对话框左下角"视图"下拉列表中选择"剖面"，单击"墙饰条"按钮，在"墙饰条"的对话框中单击"添加"按钮，轮廓内选择自建轮廓，设置轮廓材质与距离，如图 2.4-6 所示。

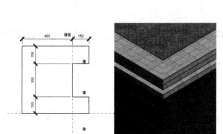

图 2.4-5　装饰条轮廓与效果图

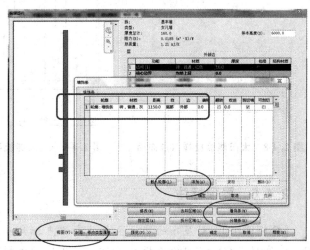

图 2.4-6　装饰条设置

2.4.3　排风井与排气管创建

选择"建筑"→"洞口"→"竖井"命令，创建排风井和屋面日光照明系统板洞，竖井高度可自设，底部偏移宜穿透屋顶，如图 2.4-7 所示。排风井墙体选用女儿墙墙体类型，高度为1 500 mm。

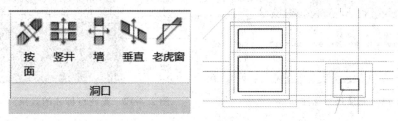

图 2.4-7　排风口洞口创建

2.4.4　连廊创建

屋面连廊创建同各楼层，连廊墙高为 1 800 mm，底部偏移为 −700 mm。

2.4.5　太阳能板创建

新建太阳能板族，太阳能板支架可用放样创建，截面轮廓为中空矩形，材质为不锈钢，框架利用"拉伸"命令创建，太阳能玻璃板利用"拉伸"命令创建，阵列后形成多块太阳能板，如图 2.4-8 和图 2.4-9 所示。新建族完成后载入项目，选择"建筑"→"构件"→"放置构件"命令即可进行构件放置，多个太阳能板需要利用"阵列"和"复制"命令进行放置。太阳能板绘制效果如图 2.4-10 所示。

图 2.4-8　太阳能板放样与拉伸面　　　图 2.4-9　太阳能板平面图　　　图 2.4-10　太阳能板绘制效果图

2.4.6　屋顶标注

[分析图纸]　对屋顶的标注主要是高程点标注和坡度标注，因为屋顶构件较多且高度不一，高程点标注可以检查模型屋顶、女儿墙、电梯间、排风口等构件的高度设置是否与 CAD 图纸一致。

选择"注释"→"尺寸标注"→"高程点"命令（图 2.4-11），在立面或三维图形中放置标注，标注样式有多个类型可以选择，也可在"类型属性"对话框中编辑类型，放置后可拖动高程点进行位置的左右、上下调整。高程点标注的效果如图 2.4-12 所示。

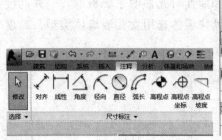

图 2.4-11　屋顶尺寸标注

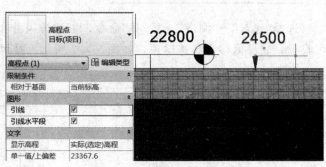

图 2.4-12　高程点标注的效果

选择"注释"→"尺寸标注"→"高程点坡度"命令，在平面或三维图形中放置标注，可编辑类型中的箭头形式、大小、颜色，文字的大小、字体，引线的长度等，如图 2.4-13 所示。单位格式可编辑为度数、百分比等表示形式，放置后可拖动进行位置调整。高程点坡度标注的不同形式如图 2.4-14 所示。

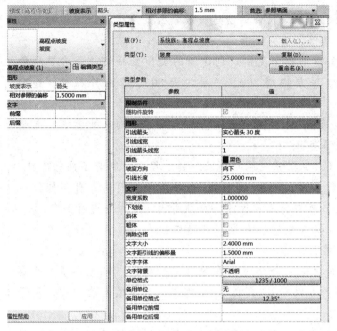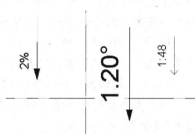

图 2.4-13　高程点坡度标注　　　　　　　　图 2.4-14　高程点坡度标注的不同形式

2.5　项目效果图

项目建筑模型创建完成的效果如图 2.5-1 所示。

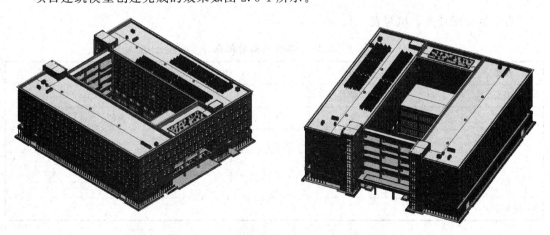

图 2.5-1　项目建筑模型创建完成的效果图

在建筑模型中，墙、柱、楼板、屋顶等构件的创建一般分为5个步骤，模型创建时若按以下步骤进行，则可做到事半功倍、有条不紊。

(1)构件的类型定义。在系统类型基础上复制，创建新的类型且命名，命名要尽量符合CAD图纸要求，如一层外墙、一层内墙200、一层内墙300、二层外廊墙、连廊墙、屋顶女儿墙等。

(2)构件的属性设置。在"类型属性"对话框中编辑构件的尺寸、构造处置等，限制条件内设置构件的约束、标高、偏移等。

(3)构件的绘制。上述第(1)、(2)步骤完成后即进入绘制过程，绘制有不同的方法，根据个人习惯选择。有CAD图纸导入时，利用"拾取线"命令绘制较简单，有些构件绘制时需要形成封闭的形状，如楼板、屋顶、天花板等，可利用"修剪"命令进行倒角。

(4)构件的调整。构件如不符合要求或绘制有误，可选中后进行位置调整，也可编辑其属性，也可对轮廓、边界进行修正。

(5)构件的修改。利用"修改"面板中的命令对构件图元进行复制、阵列、移动等操作，如同类型的窗需要放置多个，则可以利用"复制"命令完成；如模型南北对称，则可以用"镜像"命令进行复制。

本项目中窗的类型多样，而且都需要创建新的窗族，这部分工作量很大，所以创建的窗族要尽量参数化。创建族时，要熟练使用"拉伸""放样"等命令，还要熟悉族间的嵌套。窗一般都是对称的，要习惯使用"复制""阵列""镜像"等命令。

任务分组

为学生分配任务，填写表2-1。

表2-1 学生任务分配表

班级		组号		指导教师	
组长		学号			
组员	姓名	学号	姓名	学号	姓名	学号
任务分工						

1. 学生进行自我评价，并将结果填入表2-2中。

表2-2　学生自评表

班级		姓名		学号		
项目2			建筑模型创建			
评价项目		评价标准			分值	得分
模型创建前准备	软件安装及运行环境	软件安装完毕能正常运行			2	
	建模流程设计	建模流程具有操作性			3	
	建模标准	建模标准已制定，具有可行性			2	
	团队	团队人员任务分配合理			3	
	图纸等资料	图纸按楼层等拆分完毕			5	
模型完整性及精准度	标高、轴网	已创建，准确无误			5	
	柱、梁	已创建，属性设置准确，无遗漏			5	
	墙	已创建，属性设置准确，无遗漏			5	
	门、窗	已放置，属性设置准确，无遗漏			5	
	楼板	已创建，属性设置准确，无遗漏			5	
	楼梯	已创建，属性设置准确，无遗漏			5	
	屋顶	已创建，属性设置准确，无遗漏			5	
	散水等其他构件	已创建，属性设置准确，无遗漏			5	
构件属性定义	建筑构件属性应符合图纸要求且无误	属性应符合图纸要求且无误			5	
构件标注与标记	建筑构件(门窗、房间等)的命名、标记应符合建模标准	已标记，并符合建模标准			2	
	图纸标注(尺寸、高程等)应完整、符合图纸要求	已标注，且完整、符合图纸要求			3	
构件族的创建	门窗族	按照门窗表及门窗大样图创建，尺寸、形状准确			5	
	族的参数化设计	能参数化应用			5	
BIM模型视图		平面视图、立面视图、剖面视图、三维视图			5	
工作态度		态度端正，无无故缺勤、迟到、早退现象			5	
工作质量		能按时按量完成工作任务			5	
协调能力		与小组成员之间能合作交流、协调工作			5	
职业素质		能做到保护环境，爱护公共设施			2	
创新意识		有主动创新意识，作品具有个人风格			3	
合计					100	

2. 学生以小组为单位进行互评，并将结果填入表 2-3 中。

表 2-3 学生互评表

班级				小组		
任务			建筑模型创建			
评价项目		分值	评价对象得分			
模型创建前准备	软件安装及运行环境	2				
	建模流程设计	3				
	建模标准	2				
	团队	3				
	图纸等资料	5				
模型完整性及精准度	标高、轴网	5				
	柱、梁	5				
	墙	5				
	门、窗	5				
	楼板	5				
	楼梯	5				
	屋顶	5				
	散水等其他构件	5				
构件属性定义	建筑构件属性应符合图纸要求且无误	5				
构件标注与标记	建筑构件(门窗、房间等)的命名、标记应符合建模标准	2				
	图纸标注(尺寸、高程等)应完整、符合图纸要求	3				
构件族的创建	门窗族	5				
	族的参数化设计	5				
BIM模型视图	平面视图、立面视图、剖面视图、三维视图	5				
	工作态度	5				
	工作质量	5				
	协调能力	5				
	职业素质	2				
	创新意识	3				
合计		100				

3. 教师对学生工作过程与结果进行评价，并将结果填入表2-4中。

表 2-4　教师综合评价表

班级		姓名		学号		
项目 2		建筑模型创建				
评价项目		评价标准		分值		得分
模型创建前准备	软件安装及运行环境	软件安装完毕能正常运行		2		
	建模流程设计	建模流程具有操作性		3		
	建模标准	建模标准已制定，具有可行性		2		
	团队	团队人员任务分配合理		3		
	图纸等资料	图纸按楼层等拆分完毕		5		
模型完整性及精准度	标高、轴网	已创建，准确无误		5		
	柱、梁	已创建，属性设置准确，无遗漏		5		
	墙	已创建，属性设置准确，无遗漏		5		
	门、窗	已放置，属性设置准确，无遗漏		5		
	楼板	已创建，属性设置准确，无遗漏		5		
	楼梯	已创建，属性设置准确，无遗漏		5		
	屋顶	已创建，属性设置准确，无遗漏		5		
	散水等其他构件	已创建，属性设置准确，无遗漏		5		
构件属性定义	建筑构件属性应符合图纸要求且无误	属性应符合图纸要求且无误		5		
构件标注与标记	建筑构件(门窗、房间等)的命名、标记应符合建模标准	已标记，并符合建模标准		2		
	图纸标注(尺寸、高程等)应完整、符合图纸要求	已标注，且完整、符合图纸要求		3		
构件族的创建	门窗族	按照门窗表及门窗大样图创建，尺寸、形状准确		5		
	族的参数化设计	能参数化应用		5		
BIM 模型视图		平、立、剖、三维视图		5		
工作态度		态度端正，无无故缺勤、迟到、早退现象		5		
工作质量		能按时按量完成工作任务		5		
协调能力		与小组成员之间能合作交流、协调工作		5		
职业素质		能做到保护环境，爱护公共设施		2		
创新意识		有主动创新意识，作品具有个人风格		3		
合计				100		
综合评价	自评(20%)	小组互评(30%)	教师评价(50%)		综合得分	

一、单项选择题

1. BIM 的全称是（　　）。

A. Building Information Modeling　　　　B. Building Information Manage

C. Build Information Memory　　　　　　D. Build Information Mobility

2. 以下关于栏杆扶手创建说法，正确的是（　　）。

A. 可以直接在建筑平面图中创建栏杆扶手

B. 可以在楼梯主体上创建栏杆扶手

C. 可以在坡道主体上创建栏杆扶手

D. 以上均可

3. 下列选项中，不属于 BIM 的特点的是（　　）。

A. 可视化　　　　　B. 协调性　　　　　C. 模拟性　　　　　D. 碰撞检查

4. 创建标高时，关于选项栏中"创建平面视图"选项，下列说法错误的是（　　）。

A. 如果不勾选该选项，绘制的标高为参照标高或非楼层的标高

B. 如果不勾选该选项，绘制的标高标头为蓝色

C. 如果不勾选该选项，在项目浏览器里不会自动添加"楼层平面"视图

D. 如果不勾选该选项，在项目浏览器里不会自动添加"天花板平面"视图

5. 在建立窗族时，已经指定了窗外框的材质参数为"窗框材质"，如果使用"连接几何图形"工具将未设置材质的窗分隔梃与之连接，则窗分隔框模型的材质将（　　）。

A. 自动使用指定"窗框材质"参数

B. 没有变化

C. 使用"窗框材质"中定义的材质，但在项目中不可修改

D. 不会使用"窗框材质"参数，但可以在项目中修改

6. 若不小心关闭了项目浏览器，要恢复它可以在下列（　　）选项卡里重新打开。

A. 管理　　　　　B. 视图　　　　　C. 系统　　　　　D. 协作

7. 为避免未意识到图元已锁定而将其意外删除的情况，可以对图元进行（　　）。

A. 锁定　　　　　B. 固定　　　　　C. 隐藏　　　　　D. 以上均可

8. 国际上，通常将建筑工程设计信息模型建模精细度分为（　　）级。

A. 3　　　　　　　B. 4　　　　　　　C. 5　　　　　　　D. 6

9. 关于连接与剪切几何图形的描述，下列错误的选项是（　　）。

A. "连接几何图形"工具可以在共享公共面的两个或多个主体图元（例如墙和楼板）之间创建清理连接

B. 在族编辑器中连接几何图形时，会在不同形状之间创建连接

C. 在项目中，连接不同的图元，图元之一会根据不同方案剪切其他图元

D. 当楼板、天花板和屋顶与墙连接时，墙会剪切楼板、天花板和屋顶

10. 一个地点有多栋建筑时（一栋建筑遮盖另一栋建筑），可以将另一栋建筑从立面图中剔除的方法是（　　）。

A. 删除另一建筑　　　B. 隐藏另一建筑　　　C. 拆分立面图　　　D. 隔离建筑

11. 可以使用编辑屋顶的顶点选项的是（　　）。

A. 屋顶坡度小于 30°时 　　　　　　　　B. 屋顶坡度大于 30°时

C. 屋顶坡度小于 0°时 　　　　　　　　　D. 屋顶没有坡度时

12. 可以完成如下图所示类似幕墙的屋顶模型制作的方法是（　　）。

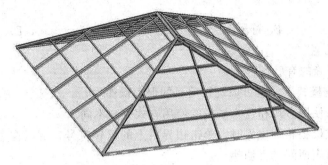

单项选择题 12 图

A. 制作幕墙 　　　　　　　　　　　　　　B. 制作屋顶，并将材质设置为玻璃

C. 制作屋顶，将类型设置为玻璃斜窗 　　D. 使用面屋顶，并设置幕墙网格

13. 要导入 dwg 格式的大样图，必须先建立（　　）。

A. 绘图视图 　　　　B. 天花板视图 　　　　C. 图纸 　　　　D. 图纸视图

14. 在幕墙上放置幕墙竖梃时，只能放在（　　）。

A. 幕墙中间 　　　　B. 洞口边缘 　　　　C. 幕墙网格上 　　　　D. 嵌板上

15. 想要结构柱仅在平面视图中表面涂黑，需要更改柱子材质里的（　　）。

A. 表面填充图案 　　　　　　　　　　　　B. 着色

C. 截面填充图案 　　　　　　　　　　　　D. 粗略比例填充样式

16. 作为一款参数化设计软件，关于构件参数，以下分类正确的是（　　）。

A. 图元参数、类型参数 　　　　　　　　　B. 实例参数、类型参数

C. 局部参数、全局参数 　　　　　　　　　D. 实例参数、全局参数

17. 族样板文件的扩展名为（　　）。

A. rfa 　　　　　　　B. rvt 　　　　　　　C. rte 　　　　　　　D. rft

18. 链接的 CAD 参照底图被同名称文件替换但路径并未发生更改，这时应该（　　）。

A. 重新载入来自 　　B. 添加 　　　　　　C. 卸载 　　　　　　D. 重新载入

二、多项选择题

1. BIM 技术在现阶段建筑设计中的应用价值有（　　）。

A. 优化、协调 　　　　B. 可视化 　　　　C. 出图 　　　　D. 模拟

2. BIM 技术的运用给施工单位带来的好处有（　　）。

A. 施工进度模拟 　　　B. 数字化建造 　　　C. 物料跟踪 　　　D. 可视化管理

E. 成本估算

3. 视图控制栏的操作命令中包含（　　）。

A. 缩小一半 　　　　　B. 放大两倍 　　　　C. 缩放匹配 　　　　D. 区域放大

E. 缩放图纸大小

4. 应分别独立设置的竖向管井有(   )。

A. 电缆井   B. 管道井   C. 加压送风井   D. 排水井

E. 垃圾道

5. 通过高程点族的"类型属性"对话框可以设置多种高程点符号族类型,对引线参数设置的命令有(   )。

A. 颜色   B. 符号   C. 引线线宽   D. 引线箭头

E. 引线箭头线宽

6. 下列说法正确的有(   )。

A. 在草图绘制模式下,也可以进行项目的保存操作

B. 结构楼板的使用方式和建筑楼板的使用方式完全不同

C. 拾取墙生成楼板轮廓边界时,单击边界线上的反转符号,可以在边界线沿墙核心层外表面或内表面间进行切换

D. 选择样板文件时,可通过单击"浏览"按钮选择除默认外其他类型的样板文件

7. 工作平面的设置方法有(   )。

A. 拾取一个参照平面

B. 拾取参照线的水平和垂直法面

C. 根据名称

D. 拾取任意一条线并使用该条线所在的工作平面

8. Revit 二次开发的插件可以实现的功能有(   )。

A. 大幅度提高工作效率

B. 快速建模以及自动生成施工图

C. Revit 模型与外部程序之间的信息双向交流

D. 压缩 Revit 项目文件,使 Rvt 文件更小

E. 使模型更智能

9. Revit 中进行图元选择的方式有(   )。

A. 按鼠标滚轮选择   B. 按过滤器选择   C. 按 Tab 键选择   D. 单击选择

E. 框选

10. 幕墙类型属性对话框中连接条件的设置包含(   )。

A. 自定义   B. 垂直网格连续   C. 水平网格连续   D. 边界网格连续

E. 边界和垂直网格连续

11. Revit 提供的屋顶构件包含(   )。

A. 屋檐:底板   B. 屋檐:山墙   C. 屋顶:封檐板   D. 屋顶:檩条

E. 屋顶:檐槽

12. 在"建筑"选项栏中的"洞口"命令下具体包含的功能有(   )。

A. 垂直洞口   B. 水平洞口   C. 竖井洞口   D. 面洞口

E. 老虎窗洞口

13. 在不超过 4 面墙端点连接到一起的时候,可以使用墙连接命令,其中包括的连接类型有(   )。

A. 弧接   B. 平接   C. 方接   D. 斜接

E. 正接

14. 楼板的开洞方式有( )。

A. 绘制楼板草图时，在闭合边界中需要开洞口的位置添加小的闭合草图线条

B. 使用基于楼板的洞口族

C. 使用洞口工具下的"按面开洞"

D. 使用洞口工具下的"竖井洞口"

E. 使用洞口工具下的"垂直洞口"

15. 以下是 Revit 提供的尺寸标注类型有( )。

A. 径向标注　　　　B. 线性标注　　　　C. 对齐标注　　　　D. 对角线标注

三、实操题

1. 根据给定尺寸，创建楼梯模型，建模方式不限，整体材质为"混凝土"［2021 年第四期"1＋X"建筑信息模型(BIM)职业技能等级考试初级实操题第一题］。

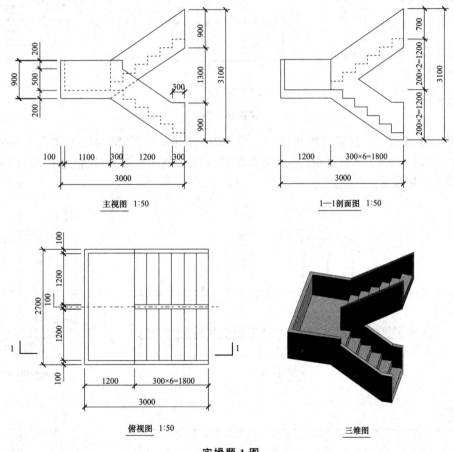

实操题 1 图

2. 根据给定尺寸，创建塔状结构模型，材质为"花岗岩"，塔状结构整体中心对称［2020 年第五期"1＋X"建筑信息模型(BIM)职业技能等级考试初级实操试题第二题］。

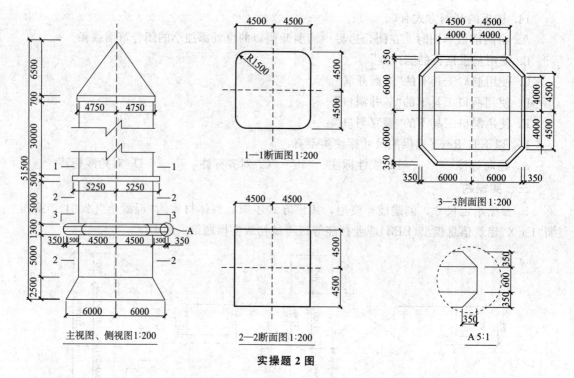

主视图、侧视图1:200   1—1断面图1:200   3—3剖面图1:200

2—2断面图1:200   A 5:1

实操题 2 图

3. 根据给定尺寸，创建钢拱桥模型，建模方式不限，工字钢均位于拱肋下方中心处，桥面材质为"混凝土"，其余材质均为"钢"[2021 年第六期"1＋X"建筑信息模型（BIM）职业技能等级考试初级实操试题第二题]。

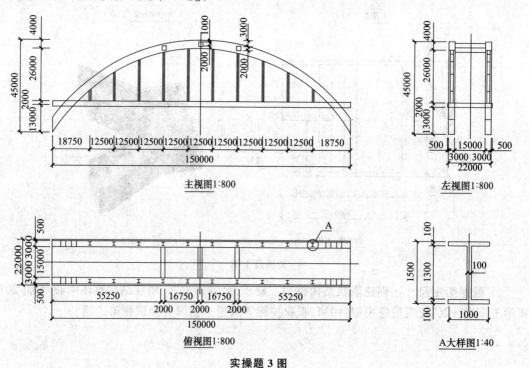

主视图1:800   左视图1:800

俯视图1:800   A大样图1:40

实操题 3 图

4. 按要求建立地铁站入口模型，包括墙体（幕墙）、楼板、台阶、屋顶，尺寸外观与图示一致，幕墙需表示网格划分，竖梃直径为 50 mm，屋顶边缘见节点详图，图中未注明尺寸自定义［2020 年第三期"1＋X"建筑信息模型（BIM）职业技能等级考试初级实操试题第二题］。

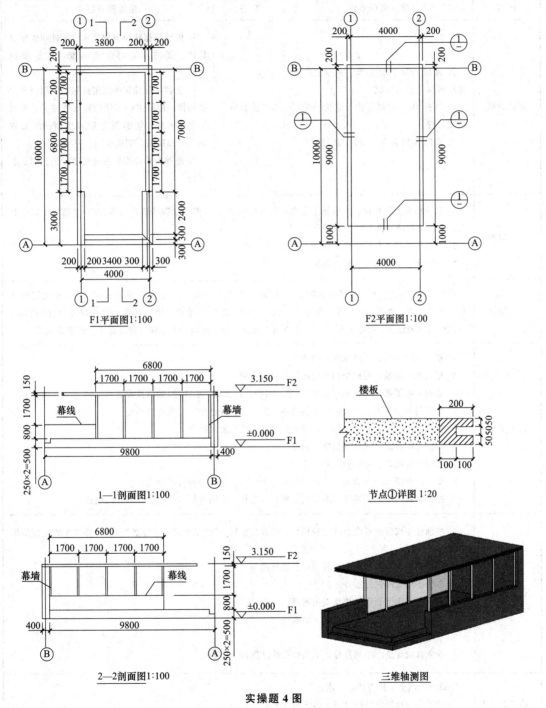

实操题 4 图

项目	建筑模型创建	任务	建筑模型创建
知识目标	1. 理解 BIM 建模标准、建模软件及建模环境等基础知识。 2. 掌握 BIM 建模方法、建筑模型的创建过程。 3. 掌握 BIM 标记、标注与注释	技能目标	1. 能够根据建模流程及建模软件功能配置软件、硬件，编制建模标准，构建项目团队。 2. 能够根据建筑图纸创建标高、轴网及实体构件；能够进行实体构件属性定义、参数设置及编辑；能够创建 BIM 模型的平面视图、立面视图、剖面视图、三维视图。 3. 能够根据建模标准对模型标注、标记及注释
素质目标	1. 具备低碳环保意识、绿色施工能力，助力我国 2030 年前达到碳峰值，力争 2060 年前实现碳中和目标，推动我国绿色发展迈上新台阶。 2. 具备科学思维与技术创新能力。 3. 增强政治认同与专业情感认同		
任务描述	根据×××学院"被动式超低能耗实验楼"建筑施工图图纸，利用 Autodesk Revit 2018 创建建筑模型，包括标高、轴网、柱、墙、幕墙、门窗、楼板、屋顶、楼梯等建筑基本构件及室外构件的创建，以及门窗族的创建。在项目开工前，审查施工图纸，修正图纸中的错误，做好施工前的准备工作		
任务要求	1. 根据工程图纸，完成轴网的创建。 2. 根据工程图纸，完成结构柱的属性设置及绘制。 3. 根据工程图纸，完成不同墙体(外墙、内墙、挡土墙、女儿墙)的属性设置及绘制。 4. 根据门窗大样图，完成门窗族的创建；完成门窗属性设置、放置与标记。 5. 根据工程图纸及墙身大样图，完成楼板的属性设置及绘制。 6. 根据工程图纸，完成多层楼梯的创建。 7. 根据工程图纸，完成屋顶的创建。 8. 根据工程图纸，完成室外台阶、散水、雨水沟、花坛等构件的创建。 9. 根据工程图纸，完成室内卫生间、展台、电梯、房间等构件的创建及图元的创建		
任务实施	1. 将创建完成的建筑模型进行轻量化，生成二维码，用"学生学号＋姓名"命名，将二维码上传至网络教学平台。 2. 同学们相互扫描二维码查看创建的建筑模型。 3. 学生小组之间进行点评。 4. 教师通过学生创建的模型提出问题。 5. 学生积极讨论和回答老师提出的问题。 6. 教师总结。 7. 学生自我评价，小组打分，选出优秀作品进行 3D 打印		
作品提交	完成作品网上上传工作，要求： 1. 拍摄自己绘制的结构模型上传至教学平台。 2. 模型上面写上班级、姓名、学号		

项目3 结构模型创建

知识目标

1. 理解结构建模标准。
2. 掌握结构模型的创建过程。

技能目标

1. 能够根据建筑平面图、立面图建立标高及轴网，能够根据梁、柱及基础施工图创建及定位柱、梁、基础等结构构件。
2. 能够根据配筋图创建钢筋模型。

素质目标

1. 增强"中国制造"的忠诚与使命、责任与担当的意识，培养"中国速度"与"中国质量"并重的信念。
2. 树立"安全就是形象、安全就是发展、安全就是效益"的观念，提高安全意识，确保施工安全。
3. 培养团队合作精神，增强团队合作的积极性与协作性。

-------------------------------- 任务描述 --------------------------------

根据"×××学院被动式超低能耗实验楼"结构施工图图纸，利用 Autodesk Revit 2018 创建结构模型。在项目开工前，审查施工图纸，修正图纸中的错误，对做好施工前的准备工作很关键。

-------------------------------- 任务要求 --------------------------------

1. 掌握样板文件及族文件。
2. 在 Revit 软件中掌握结构基础的创建。
3. 在 Revit 软件中掌握结构柱的创建。
4. 在 Revit 软件中掌握结构梁的创建。
5. 在 Revit 软件中掌握结构板的创建。
6. 在 Revit 软件中掌握结构楼梯的创建。
7. 在 Revit 软件中掌握结构钢筋的创建。

3.1 准备工作

先将实训南楼结构施工图按基础、柱、梁、板等进行分解，并保存到相应文件夹中，如图 3.1-1 所示。打开 Autodesk Revit 2018 软件，新建一个结构样板文件，选择"插入"→"链接 CAD"命令，在弹出的"链接 CAD 格式"对话框中找到"一层框架柱平法施工图"，将其链接进来（或链接其他施工图），在此基础上进行轴网和标高的绘制，如图 3.1-2～图 3.1-5 所示。

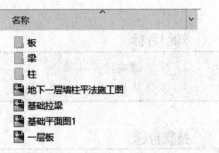

名称
板
梁
柱
地下一层墙柱平法施工图
基础拉梁
基础平面图1
一层板

图 3.1-1 结构施工图分解

图 3.1-2 链接 CAD 文件

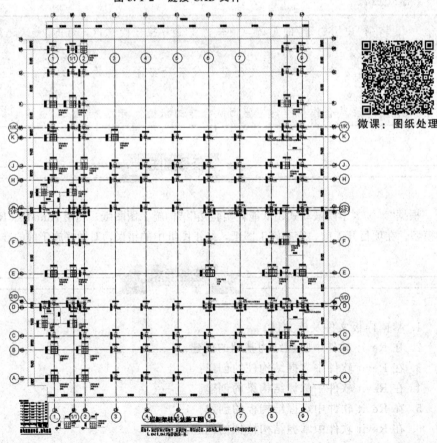

微课：图纸处理

图 3.1-3 链接一层框架柱平法施工图

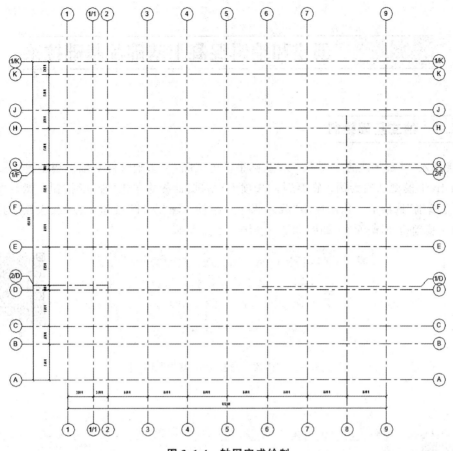

图 3.1-4　轴网完成绘制

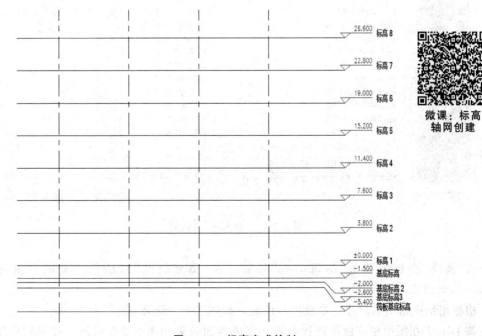

图 3.1-5　标高完成绘制

微课：标高
轴网创建

3.2.1　独立基础绘制

链接导入"基础平法施工图",以"基础平法施工图"为基础进行基础模型创建。

以 DJp01 模型创建为例,在"结构"选项卡"基础"面板中单击"独立"按钮,激活"修改｜放置 独立基础"选项卡,依次单击"载入族"→"结构"→"基础"按钮,在"载入族"对话框中选择"独立基础-坡形截面",如图 3.2-1 和图 3.2-2 所示。

微课:独立基础创建

图 3.2-1　"修改｜放置 独立基础"选项卡

图 3.2-2　"载入族"对话框

在"属性"面板中单击"编辑类型"按钮,在"类型属性"对话框中复制并重命名为"DJp01",如图 3.2-3 所示。

根据图纸中给出的尺寸对参数进行设置,如图 3.2-4 所示。

按 DJp01 在图中相应位置进行布置,完成后的效果如图 3.2-5 所示。放置时应注意修改基底标高位置,如图 3.2-6 所示。

图 3.2-3　类型属性设置

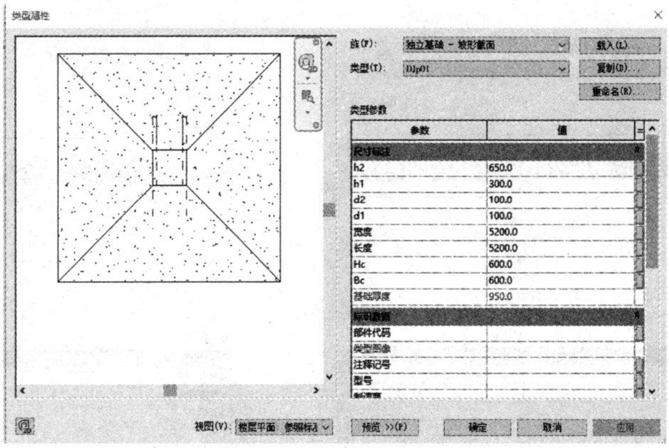

图 3.2-4　DJp01 参数设置

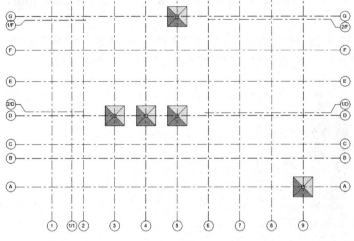

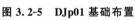

图 3.2-5　DJp01 基础布置

图 3.2-6　DJp01 基底标高的设置

用同样的方法设置及布置 DJp02、DJp03、DJp04、DJp07、DJp08、DJp10、DJp11、DJp12、DJp13、DJp16、JC05/06，如图 3.2-7～图 3.2-10 所示。

图 3.2-7　DJp02 参数设置

图 3.2-8　DJp03 参数设置

图 3.2-9　DJp04 参数设置

图 3.2-10　DJp07 参数设置

微课：基础创建 DJp04

特殊基础需要建族，以 DJp17 为例（图 3.2-11）：选择"文件"→"新建"→"族"命令，在"新族－选择样板文件"对话框中选择"公制结构基础"（图 3.2-12），另存为 DJp17。

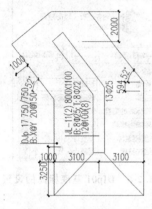

图 3.2-11　DJp17 示意

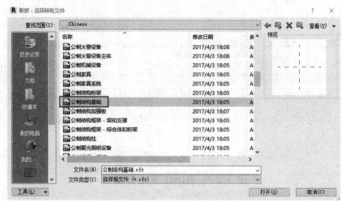

图 3.2-12　"新族－选择样板文件"对话框

选择"插入"→"导入 CAD"命令（图 3.2-13），导入 DJp17 基础施工图，并进行设置，如图 3.2-14 所示。

选择"创建"→"融合"命令，利用"线"命令绘制基础底部；然后单击"编辑顶部"按钮，利用"线"命令绘制基础顶部，在"属性"面板中修改"第二端点"值及其材质；最后单击"完成编辑模式"按钮，完成编辑模式，如图 3.2-15～图 3.2-20 所示。

图 3.2-13　导入 CAD 文件

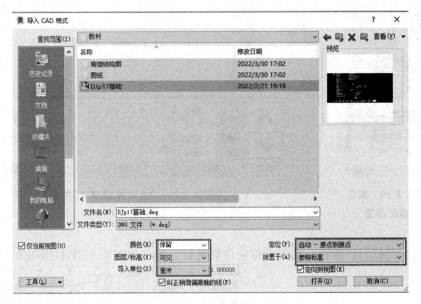

图 3.2-14 导入 CAD 文件时的设置

微课：基础创建 DJp17

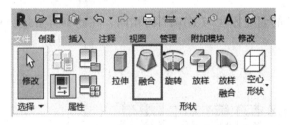

图 3.2-15 "融合"命令

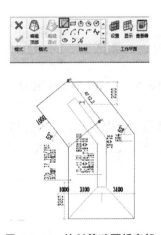

图 3.2-16 绘制基础面板底部

图 3.2-17 "编辑顶部"命令

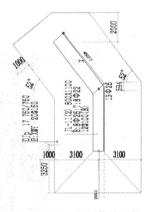

图 3.2-18 绘制基础顶部

图 3.2-19 属性
参数设置

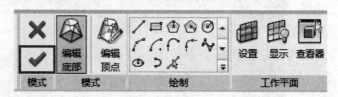

图 3.2-20 "完成编辑模式"按钮

单击"载入到项目"按钮，在图中相应位置进行放置，如图 3.2-21 和图 3.2-22 所示。

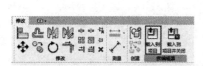

图 3.2-21 "载入到项目"按钮

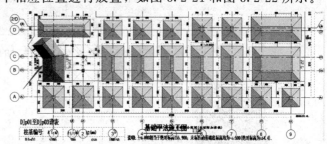

图 3.2-22 DJp17 基础放置

其他不规则基础，如 DJp18、JC07 的创建方法与 DJp17 的相同，在此不再赘述。独立基础创建完成后的效果如图 3.2-23 所示。

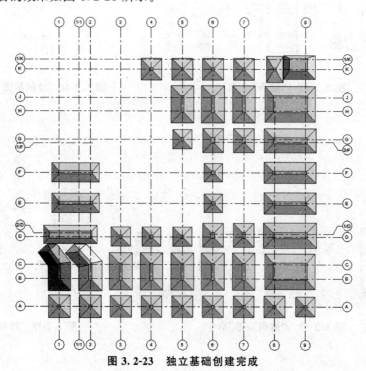

图 3.2-23 独立基础创建完成

3.2.2 基础梁绘制

以 JL-01(1)800 mm×1 000 mm 为例，选择"结构"→"梁"命令(图 3.2-24)，在"属性"面板中选择"混凝土-矩形梁"，单击"类型"按钮，复制并重命名为 JL-01(1)800 mm×1 000 mm，并修改尺寸标注数值 b 为 800，h 为 1 000，如图 3.2-25 所示。在施工图中相应位置进行绘制，注意基础梁标高的设置，如图 3.2-26 和图 3.2-27 所示。

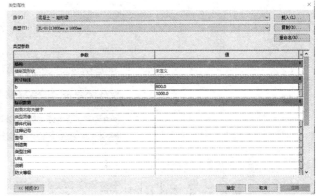

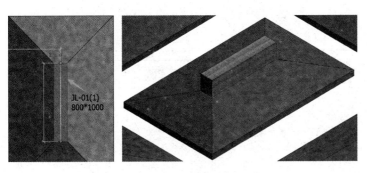

图 3.2-24　基础梁绘制　　　　　　　图 3.2-25　基础梁属性设置

图 3.2-26　JL-01(1)基础梁绘制效果

图 3.2-27　JL-01(1)
基础梁标高设置

用同样的方法设置及布置其他基础梁。JL-02(1)800 mm×1 000 mm、JL-03(2)800 mm×1 000 mm、JL-04(2)800 mm×1 000 mm、JL-05(2)800 mm×1 000 mm、JL-06(2)1 550 mm×1 000 mm、JL-07(2)1 550 mm×1 000 mm、JL-10(3)1 800 mm×1 000 mm、JL-11(2)800 mm×1 100 mm 等绘制完成后的效果如图 3.2-28 所示。

图 3.2-28　基础梁绘制完成后的效果图

3.2.3 地下室筏板基础及柱墩绘制

（1）筏板基础绘制：依次单击"结构"→"板"→"结构基础：楼板"按钮，在"属性"面板中单击"编辑类型"按钮，在弹出的"类型属性"对话框中"复制"并重命名为"筏板基础600 mm"，单击"结构"后的"编辑"按钮，在弹出的"编辑部件"对话框中修改厚度值为600 mm，如图 3.2-29～图 3.2-31 所示。

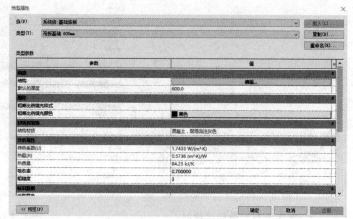

图 3.2-29 地下筏板基础绘制   图 3.2-30 类型属性参数设置

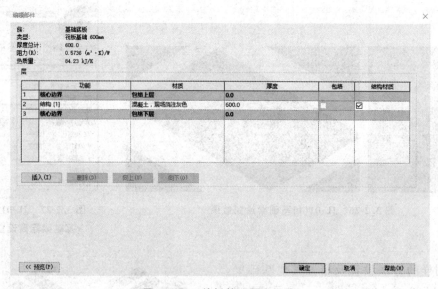

图 3.2-31 筏板基础厚度设置

该筏板基础底标高为－5.400，由于绘制时筏板的顶部和相应标高对齐，所以应修改相应的属性，在"属性"面板中"自标高的高度偏移"处输入"600"，使筏板底部与"标高：筏板基底标高"对齐（图 3.2-32），然后按基础施工图相应位置绘制筏板基础，如图 3.2-33 所示。

（2）柱墩绘制：根据 ZD1 基础大样绘制柱墩，在"项目浏览器"面板"结构平面"下单击"筏板基底标高"，打开平面视图，依次单击"结构"→"独立"按钮，在"属性"面板中选择独立基础，单击"编辑类型"按钮，在弹出的"类型属性"对话框中"复制"并命名为"ZD1"，单击"确定"按钮，然后按施工图修改相关尺寸参数，如图 3.2-34～图 3.2-37 所示。

图 3.2-32　筏板基础标高设置

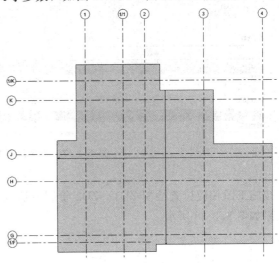

图 3.2-33　筏板基础绘制效果

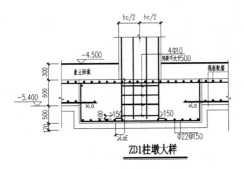

图 3.2-34　ZD1 柱墩大样图

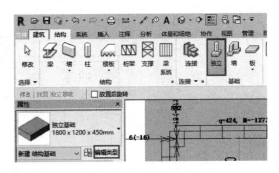

图 3.2-35　柱墩绘制

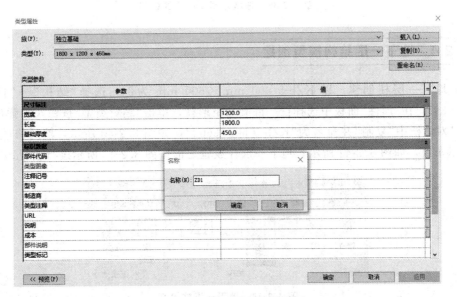

图 3.2-36　类型属性参数设置

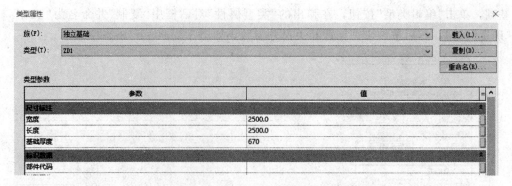

图 3.2-37 相关尺寸参数设置

按施工图相应位置绘制 ZD1。ZD2 绘制方法同 ZD1，在此不再赘述，柱墩创建完成后的效果如图 3.2-38 所示。

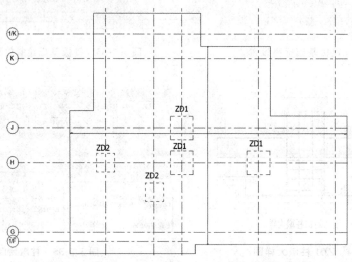

图 3.2-38 柱墩绘制完成后的效果

3.2.4 地下一层结构模型创建

(1)地下一层柱创建：以 KZb-5 600 mm×600 mm 为例，选择"结构"→"柱"命令(图 3.2-39)，在"属性"面板中选择任一混凝土矩形柱，单击"编辑类型"按钮，在弹出的"类型属性"对话框中"复制"并命名为"KZb-5 600×600"，如图 3.2-40 所示，然后修改相应的尺寸 b、h 值，如图 3.2-41 所示。地下一层柱放置之前按图 3.2-42 所示进行设置。

图 3.2-39 地下一层柱绘制

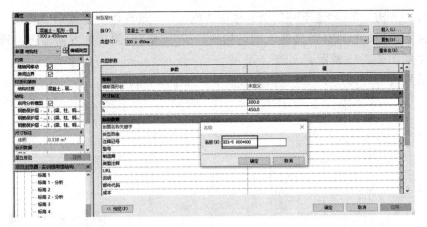

图 3.2-40 类型属性参数设置

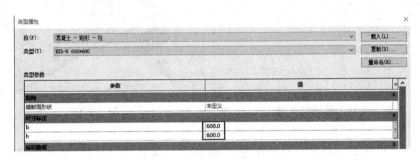

图 3.2-41 相关尺寸参数设置

图 3.2-42 放置参数设置

按地下一层墙、柱平法施工图布置柱，如图 3.2-43 所示。由于施工图说明中本层未注明梁、板、墙柱顶标高为－0.120，所以选中刚插入的柱，修改其属性，如图 3.2-44 所示。

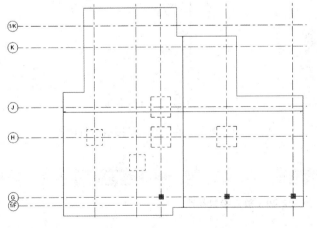

图 3.2-43 地下一层柱绘制完成后的效果

图 3.2-44 柱顶标高设置

用同样的方法，依据"地下一层墙、柱平法施工图"放置地下室其余结构柱。若放置的结构柱方向不正确，可选择需要修改的结构柱，按"空格"键翻转其方向即可。最终绘制完成后的效果如图 3.2-45 所示。

全部放置完成后，打开三维视图查看效果，如图 3.2-46 所示。

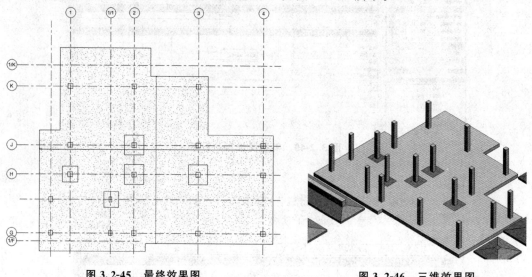

图 3.2-45　最终效果图　　　　　图 3.2-46　三维效果图

（2）地下一层挡土墙创建：DTQ1 墙顶标高为 −0.100，DTQ2 墙顶标高为 −0.100，DTQ3 墙顶标高为 0.200，墙厚为 300，混凝土强度等级为 C35。

以 DTQ1 为例。选择"结构"→"墙"→"墙：结构"命令，如图 3.2-47 所示。在"属性"面板中选择"基本墙：挡土墙−300 mm 混凝土"，并按图 3.2-48 和图 3.2-49 所示修改相应参数。

图 3.2-47　挡土墙绘制

图 3.2-48　"属性"面板参数设置

图 3.2-49　放置参数修改

用同样的方法，依据"地下一层墙、柱平法施工图"放置地下室其余挡土墙，如图 3.2-50 和图 3.2-51 所示。

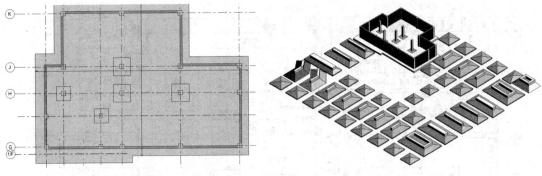

图 3.2-50　地下室挡土墙设置完成后的效果　　　　图 3.2-51　三维效果图

3.2.5　基础拉梁绘制

　　根据"基础拉梁平法施工图",未注明的基础拉梁梁顶标高均为-0.300。以 Ⓐ 轴线上的 DKL9a-(8B)300 mm×550 mm 为例。

微课:基础拉梁创建

　　选择"插入"→"链接 CAD"命令,在"链接 CAD 文件"对话框中选择"基础拉梁",并利用"对齐"命令将相应轴线对齐,如图 3.2-52～图 3.2-54 所示。

图 3.2-52　"链接 CAD"命令

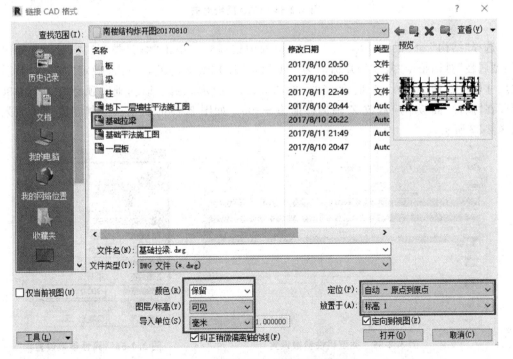

图 3.2-53　"链接 CAD 格式"对话框设置

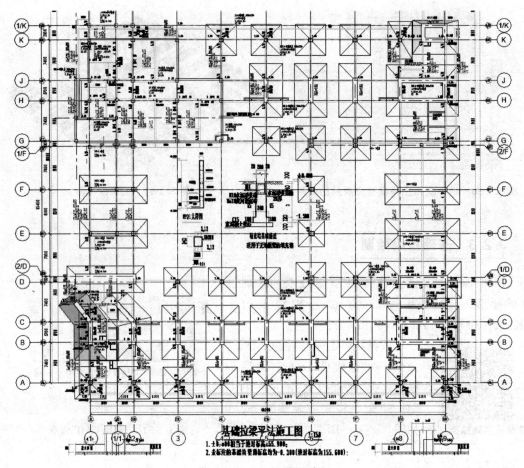

图 3.2-54　CAD 图纸对齐

　　选择"结构"→"梁"命令，在"属性"面板中选择梁，单击"编辑类型"按钮，在弹出的"类型属性"对话框中"复制"并命名为"DKL9a-(8B)300×550"，单击"确定"按钮，然后修改尺寸标注 b 值为 300、h 值为 550，如图 3.2-55 所示。由于该基础梁顶标高为－0.300，所以在"属性"面板中应修改 Z 轴偏移值为－300，如图 3.2-56 所示。绘制完成后的效果如图 3.2-57 所示。

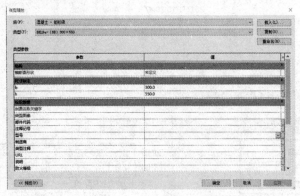

图 3.2-55　类型属性参数设置

图 3.2-56　属性参数设置

其他基础拉梁创建方法同 DKL9a-(8B)300 mm×550 mm，在此不再赘述。基础拉梁创建完成后，在三维视图里看到如图 3.2-58 所示的效果图。

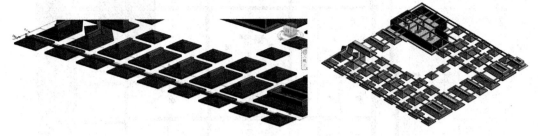

图 3.2-57　DKL9a-(8B)绘制完成后的三维效果图　　　　图 3.2-58　最终三维效果图

3.3　一层结构模型的创建

3.3.1　一层板结构模型创建

选择"插入"→"链接 CAD"命令，在弹出的"链接 CAD 格式"对话框中选择"一层板"，并利用"对齐"命令将相应轴线对齐，如图 3.3-1 和图 3.3-2 所示。

图 3.3-1　"链接 CAD 格式"对话框设置

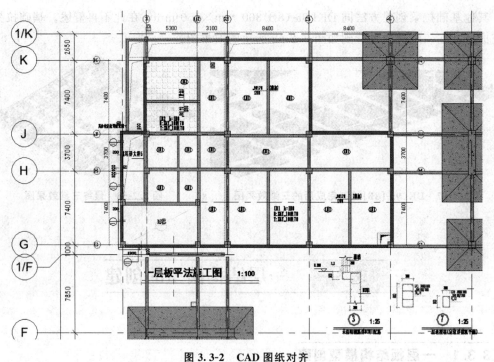

图 3.3-2　CAD 图纸对齐

以 LB2 $h=180$ 为例创建一层楼板，如图 3.3-3 所示。已知本层 LB2 楼板图例板顶标高为 -0.350，本层板混凝土强度等级为 C30。

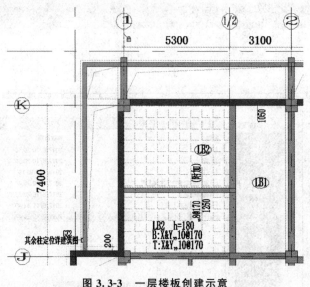

图 3.3-3　一层楼板创建示意

选择"结构"→"楼板"→"楼板：结构"命令，在"属性"面板中单击"编辑类型"按钮，在弹出的"类型属性"对话框中复制并将名称改为"LB2 $h=180$"，如图 3.3-4 所示；在"类型属性"对话框"类型参数"选项区域单击"结构"后面的"编辑"按钮，系统弹出"编辑部件"对话框，修改其材质及厚度，如图 3.3-5 所示，然后单击"确定"按钮。

在"属性"面板中修改"自标高的高度偏移"值为 -350，如图 3.3-6 所示。

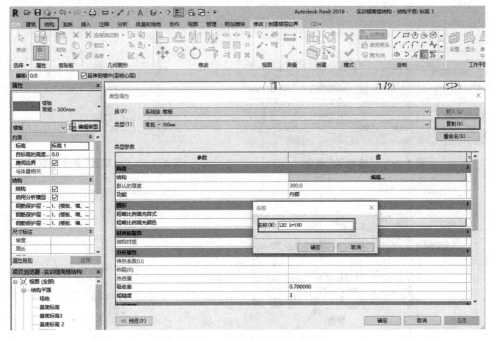

图 3.3-4　类型属性参数设置

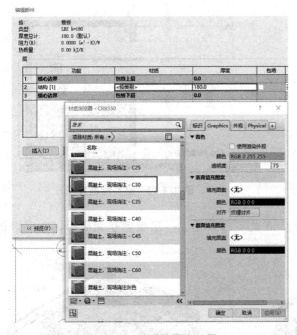

图 3.3-5　材质及厚度设置

图 3.3-6　楼板标高设置

在"修改｜创建楼层边界"选项卡中选择"边界线"→"拾取线"命令，如图 3.3-7 所示，按图 3.3-8 所示的图形进行拾取；选择"修改"→"修剪/延伸为角"命令，对拾取线进行修剪，如图 3.3-9 和图 3.3-10 所示。选择"模式"→"√"命令(图 3.3-11)，系统弹出如图 3.3-12 所示的对话框，单击"是"按钮。绘制完成的效果如图 3.3-13 所示。

图 3.3-7 "拾取线"命令

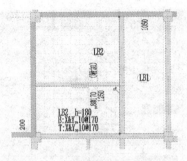

图 3.3-8 "拾取线"命令拾取结果

图 3.3-9 "修剪/延伸为角"命令

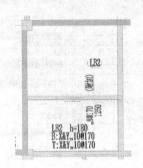

图 3.3-10 修剪后的结果

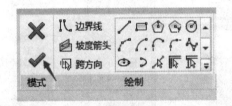

图 3.3-11 "完成编辑模式"命令

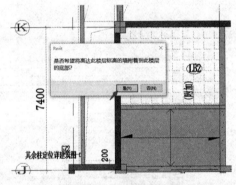

图 3.3-12 最终绘制完成

　　一层板中其他楼板的创建方法同上，在此不再赘述。一层板创建完成后，在三维视图里可看到如图 3.3-14 所示的效果图。

图 3.3-13 绘制完成后的三维视图效果

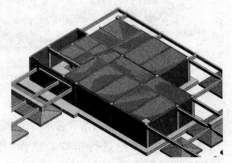

图 3.3-14 一层板创建完成后的效果图

3.3.2 一层结构柱创建

选择"插入"→"链接 CAD"命令，在弹出的"链接 CAD 格式"对话框中选择"一层框架柱平法施工图"，并利用"对齐"命令将相应轴线对齐，如图 3.3-15 所示。在"属性"面板中单击"视图范围"后的"编辑"按钮，系统弹出"视图范围"对话框，将视图深度的偏移值修改为 0，单击"确定"按钮，这样就可以把之前绘制的模型都隐藏，如图 3.3-16 和图 3.3-17 所示。

微课：结构柱创建

以Ⓐ轴与①轴相交处的柱 KZa-1 600 mm×600 mm 为例介绍结构柱的创建，如图 3.3-18 所示。选择"结构"→"柱"命令，在"属性"面板中单击"编辑类型"按钮，在"类型属性"对话框中"复制"并命名为"KZa-1 600×600"，修改 b 值为 600，h 值为 600，如图 3.3-19 和图 3.3-20 所示；在"修改｜放置 结构柱"选项栏中选择"高度"和"标高 2"，单击Ⓐ轴与①轴的交点放置结构柱 KZa-1 600 mm×600 mm，如图 3.3-21 所示。

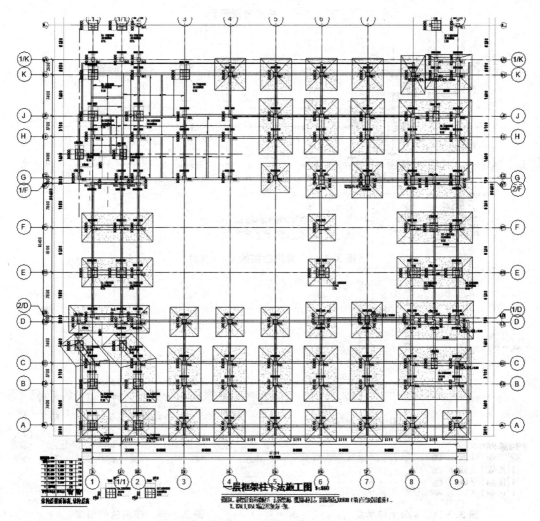

图 3.3-15　CAD 图纸对齐

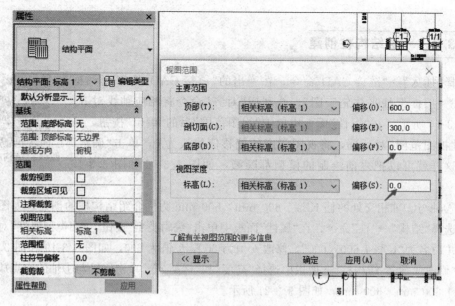

图 3.3-16　视图范围设置

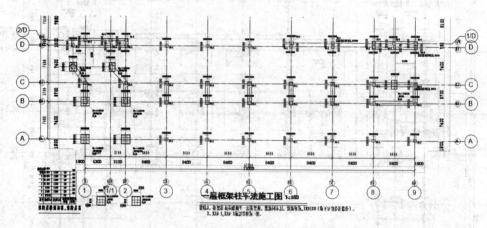

图 3.3-17　最终链接的 CAD 文件

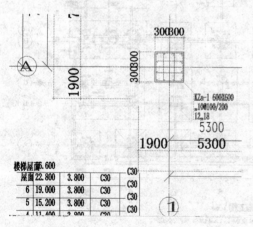

图 3.3-18　KZa-1 柱示意

图 3.3-19　结构柱的创建

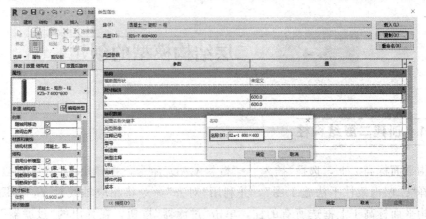

图 3.3-20 类型属性参数设置

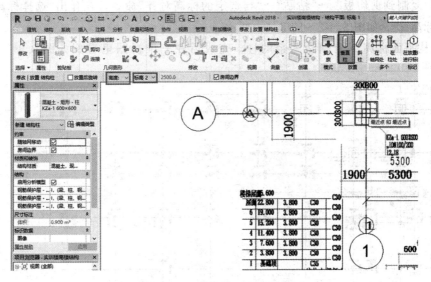

图 3.3-21 结构柱 KZa-1 放置

　　一层框架柱平法施工图中其他柱创建方法同上，在此不再赘述。一层柱创建完成后，在三维视图里看到如图 3.3-22 所示的效果图。

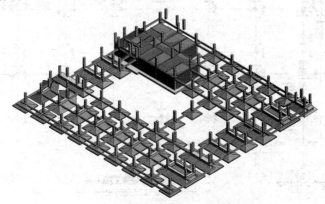

图 3.3-22 一层柱创建完成后的效果图

3.4 二层结构模型的创建

3.4.1 创建二层结构柱

在结构平面标高 2 上，选择"插入"→"链接 CAD"命令，在弹出的"链接 CAD 格式"对话框中选择"二层框架柱平法施工图"，并利用"对齐"命令将相应轴线对齐，如图 3.4-1 所示。在结构平面标高 1 上框选所有的柱，单击"过滤器"按钮，在弹出的"过滤器"对话框中单击"放弃全部"按钮，然后在列表框中单击选中结构柱，单击"确定"按钮；在"剪贴板"面板中选择"复制到剪切板"→"粘贴"→"与选定的标高对齐"命令，在弹出"选择标高"对话框中选择"标高 2"，如图 3.4-2～图 3.4-4 所示。

在结构平面标高 2 上删除多余的柱，完成后在三维视图里看到如图 3.4-5 所示的效果图。

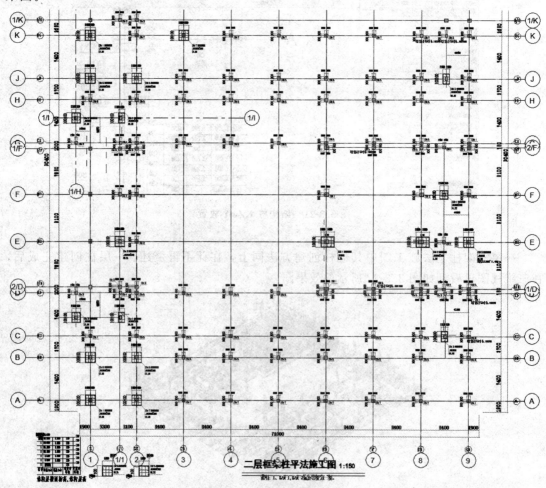

图 3.4-1　CAD 图纸对齐

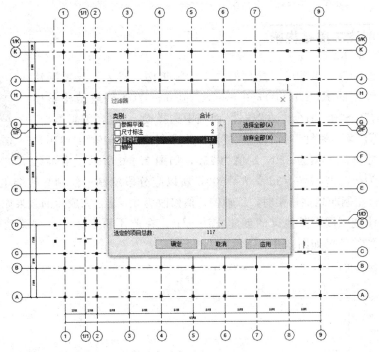

图 3.4-2　结构柱过滤选择

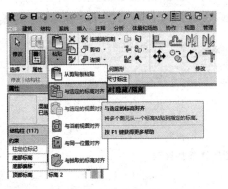

图 3.4-3　结构柱复制(一)

图 3.4-4　结构柱复制(二)

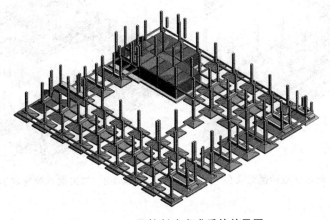

图 3.4-5　二层柱创建完成后的效果图

3.4.2 创建二层结构梁

在结构平面标高 2 上删除二层框架柱平法施工图，导入二层梁平法施工图。以Ⓐ轴上的 KLa-9(8B)350 mm×750 mm 为例创建结构梁模型。选择"结构"→"梁"命令，在"属性"面板中选择梁，单击"编辑类型"按钮，在弹出的"类型属性"对话框中"复制"并命名为"KLa-9(8B)350×750"，修改尺寸标注 b 值为 350，h 值为 750，如图 3.4-6 所示。由于悬挑端梁顶标高为 -0.070，$b=350$，$h=600$，所以应分段绘制。绘制悬挑端梁时，Z 轴偏移值修改为 -70；绘制非悬挑端梁时，Z 轴偏移值修改为 0。绘制完成后的效果如图 3.4-7 所示。

微课：框架梁创建

二层梁平法施工图中其他梁的创建方法同上，在此不再赘述。二层梁创建完成后，在三维视图里看到的效果如图 3.4-8 所示。

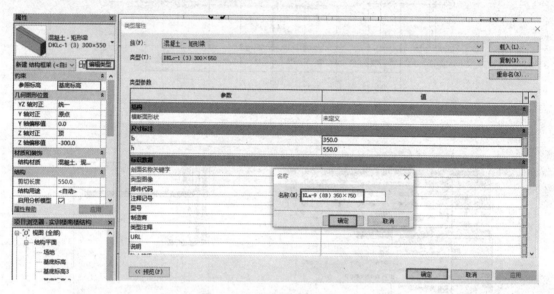

图 3.4-6　类型属性参数修改

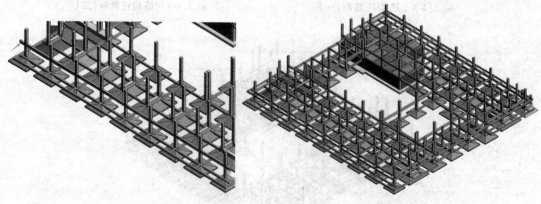

图 3.4-7　KLa-9 创建完成后的效果图　　　　图 3.4-8　二层梁创建完成后的效果图

3.4.3 创建二层结构楼板

二层结构楼板的创建方法同前述一层结构楼板的创建，在此不再赘述。二层结构楼板创建完成后，在三维视图里看到的效果如图 3.4-9 所示。

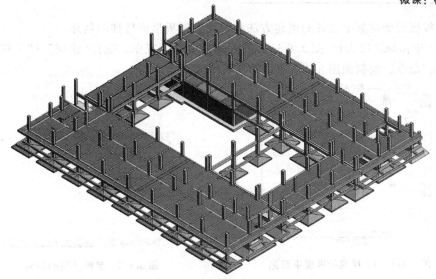

图 3.4-9 二层结构楼板创建完成后的效果图

3.5 三～六层结构模型的创建

三～六层中各构件结构模型创建方法同前述一层、二层结构模型的创建，在此不再赘述。创建完成后，在三维视图里看到的效果如图 3.5-1 所示。

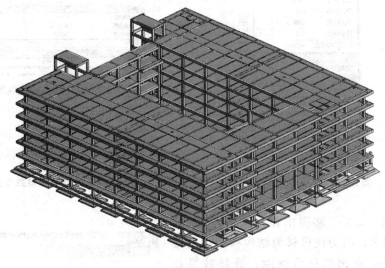

图 3.5-1 三～六层结构模型创建完成后的效果图

3.6 创建和编辑现浇混凝土楼梯

3.6.1 创建现场浇筑混凝土楼梯

结构样板里面混凝土楼梯的创建方法参考建筑样板里面楼梯的创建。

以 3♯楼梯标准层为例（图 3.6-1），进入标高 2 平面视图，选择"建筑"→"工作平面"→"参照平面"命令，绘制如图 3.6-2 所示的参照平面。

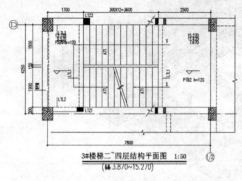

图 3.6-1 3♯楼梯标准层平面图

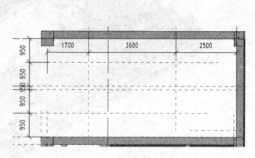

图 3.6-2 参照平面的绘制

选择"建筑"→"楼梯坡道"→"楼梯"命令，在"属性"面板中选择"现场浇注楼梯"，修改楼梯底部标高、顶部标高，所需踢面数为 26，实际踏板深度为 300，如图 3.6-3 所示。在"属性"面板中单击"编辑属性"按钮，弹出"类型属性"对话框，按图 3.6-4 所示修改相应参数值。

图 3.6-3 属性面板参数设置

图 3.6-4 类型属性参数设置

楼梯绘制完成后，将弹出如图 3.6-5 所示的警告，忽略即可，因为该楼梯为结构模型中的楼梯，没有栏杆，点选栏杆后删除，最终效果如图 3.6-6 所示。

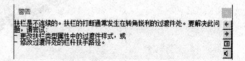

图 3.6-5 警告信息

选择"建筑"→"楼梯坡道"→"楼梯"命令，在"修改｜创建楼梯"选项卡中选择"构件"→"平台"→"创建草图"命令，绘制楼层休息平台，如图 3.6-7～图 3.6-9 所示。

图 3.6-6　楼梯创建完成后的效果图

图 3.6-7　类型属性参数设置

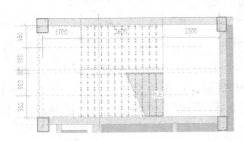

图 3.6-8　楼梯休息平台绘制

图 3.6-9　楼梯休息平台
创建完成后的效果图

3.6.2　创建现场浇筑混凝土楼梯梯柱

以 LTZ1 300 mm×200 mm 为例创建楼梯梯柱。选择"结构"→"柱"命令，在"属性"面板中单击"编辑类型"按钮，"复制"并命名为"LTZ1 300×200"，修改尺寸标注 b 为 300，h 为 200，如图 3.6-10 所示。将结构材质修改为"混凝土，现场浇注－C30"。在选项栏中将绘制方式改为"高度"，顶部标高改为"未连接"，并输入数值"1 900.0"，如图 3.6-11 所示。

图 3.6-10　类型属性参数设置

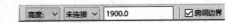

图 3.6-11　选项栏中参数设置

放置楼梯梯柱后，选择"修改"→"移动"命令，将楼梯梯柱移至图 3.6-12 所示的位置。用同样的方法绘制 LTZ2 300 mm×300 mm。绘制完成后的效果如图 3.6-13 所示。

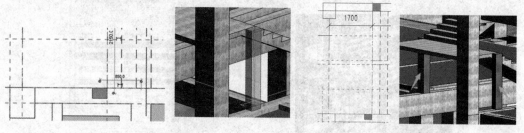

图 3.6-12　楼梯梯柱移动　　　　　　　图 3.6-13　楼梯梯柱创建完成后的效果

3.6.3　创建现场浇筑混凝土楼梯梯梁

以 LTL1 200 mm×400 mm 为例创建楼梯梯梁。选择"结构"→"梁"命令，在"属性"面板中单击"编辑类型"按钮，"复制"并命名为"LTL1 200×400"，修改尺寸标注 b 为 200，h 为 400，如图 3.6-14 所示，将结构材质修改为"混凝土，现场浇注－C30"。将 Z 轴偏移值改为"1 900.0"，如图 3.6-15 所示。绘制完成后，用"修改"命令将表面与其接触的结构柱表面对齐，如图 3.6-16 所示。

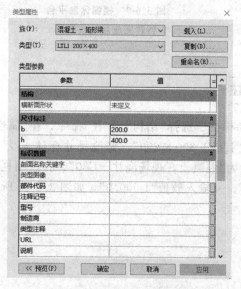

图 3.6-14　类型属性参数设置

图 3.6-15　属性面板参数设置

用同样的方法绘制 LTL2 200 mm×400 mm、LTL3 300 mm×500 mm，绘制完成后的效果如图 3.6-17 所示。

按 Ctrl 键点选楼梯、梯梁、梯柱，依次单击"修改"→"复制到剪切板"→"粘贴"→"与选定的标高对齐"按钮，在弹出的"选择标高"对话框中，选择标高 1、标高 3、标高 4、标高 5、标高 6，如图 3.6-18 所示。若弹出警告对话框，单击"确定"按钮即可。创建完成后的效果如图 3.6-19 所示。

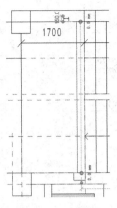

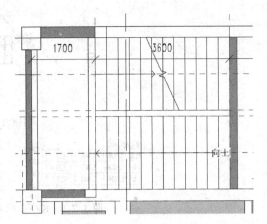

图 3.6-16 表面对齐　　　　　　图 3.6-17 楼梯梯梁创建完成后的效果
后的楼梯梯梁

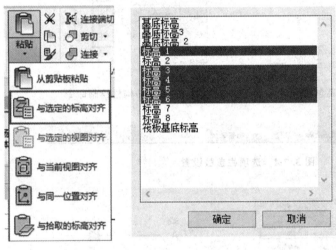

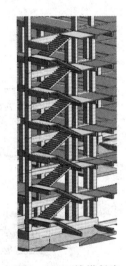

图 3.6-18 其他层楼梯及部件创建　　　图 3.6-19 楼梯创建
完成后的效果

1♯楼梯、2♯楼梯、4♯楼梯的创建方法同3♯楼梯，在此不再赘述。

3.7　创建和编辑结构钢筋

3.7.1　创建和编辑柱钢筋

以一层框架柱平法施工图中①轴与Ⓐ轴相交处 KZa-1 为例来创建和编辑柱钢筋，如图 3.7-1 所示。

新建一个结构样板，另存为 KZa-1 配筋，在任意立面图中将标高改为 3.800 m，如图 3.7-2 所示。在标高 1 上绘制一根结构柱，如图 3.7-3～图 3.7-6 所示。

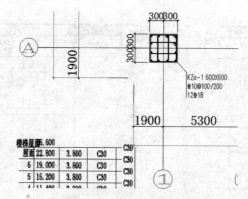

图 3.7-1　KZa-1 配筋示意

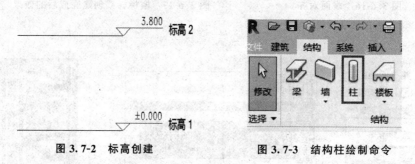

图 3.7-2　标高创建　　　　　　　　图 3.7-3　结构柱绘制命令

图 3.7-4　选项栏参数设置

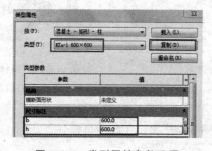

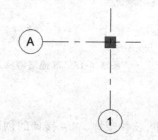

图 3.7-5　类型属性参数设置　　　　　图 3.7-6　结构柱绘制

　　在南立面图中绘制一个参照平面，距离柱底为 50 mm（箍筋是从柱底 50 mm 开始布置），如图 3.7-7 所示。选择"视图"→"剖面"命令（图 3.7-8），单击参照平面，创建如图 3.7-9 所示的剖面 1，选择"修改"→"旋转"命令，将剖面旋转到如图 3.7-10 所示的位置。

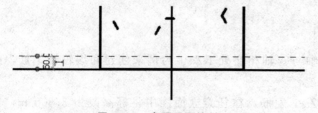

图 3.7-7　参照平面绘制　　　　　　　图 3.7-8　剖面创建命令

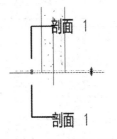

图 3.7-9　剖面创建示意

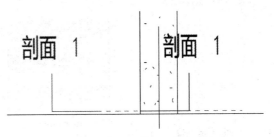

图 3.7-10　剖面旋转示意

选中剖面 1，单击鼠标右键，在弹出的快捷菜单中选择"转到视图"命令，调节视图范围，如图 3.7-11 所示。

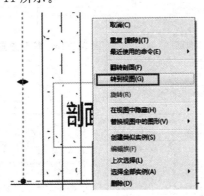

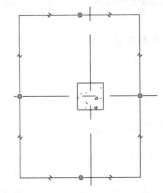

图 3.7-11　视图范围调节

(1)柱四肢箍筋创建：选择"结构"→"钢筋"命令(图 3.7-12)，将弹出如图 3.7-13 所示的警告对话框，单击"确定"按钮，出现"钢筋形状浏览器"，选择"钢筋形状：33"(图 3.7-14)，在"属性"下拉列表中选择"10HRB400"(图 3.7-15)，然后将鼠标移至柱边单击。继续移动鼠标单击，共单击三下放置三根箍筋(柱箍筋为四肢箍)，箍筋弯钩方向任意(可按空格键改变箍筋弯钩方向)，放置箍筋效果如图 3.7-16 所示。

微课：柱四肢箍筋

点选图 3.7-16 中的任一肢箍筋，在"属性"面板"尺寸标注"区域将 A 值的数除以 3，输入 187(根据实际情况也可修改 B 值)。将其中两肢箍筋修改完成后，用移动命令将其移至中间，如图 3.7-17 所示。

选中所有箍筋，在"属性"面板中单击"视图可见性形状"后的"编辑"按钮(图 3.7-18)，弹出"钢筋图元视图可见性状态"对话框，按图 3.7-19 所示进行参数设置。

图 3.7-12　钢筋绘制命令

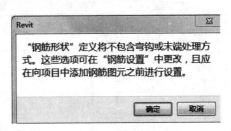

图 3.7-13　警告对话框

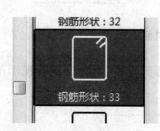

图 3.7-14　钢筋形状选择

图 3.7-15　钢筋
类别选择

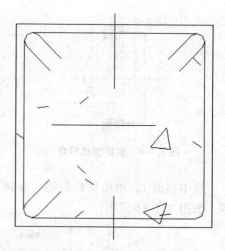

图 3.7-16　箍筋放置效果

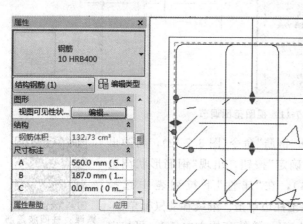

图 3.7-17　箍筋移动后的效果

图 3.7-18　"视图
可见性形状"编辑

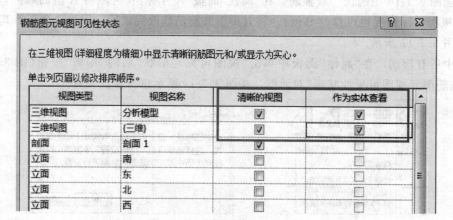

图 3.7-19　"钢筋图元视图可见性状态"对话框

将状态栏中的精细程度设置为"精细"，视觉样式设置为"真实"，如图 3.7-20 所示。此柱箍筋加密区间距为 100 mm，非加密区为 200 mm，加密区的高度按照图集《混凝土结构施工图平面整体表示方法制图规则和构造详图（现浇混凝土框架、剪力墙、梁、板）》（22G101－1）进行设置。其中，焊接的箍筋加密区按图 3.7-21 所示进行设置。该柱加密区在这里不做精确计算，柱上端、下端加密区各取 650 mm 布置箍筋。

微课：钢筋外观设置

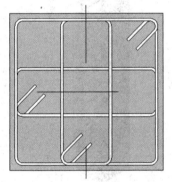

图 3.7-20　显示精细程度设置

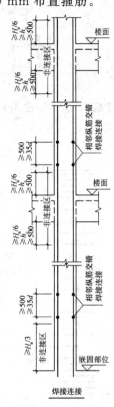

图 3.7-21　箍筋加密区设置

在南立面视图中选中箍筋，按图 3.7-22 所示设置参照平面，选中四肢箍筋，复制到图 3.7-23 所示的参照平面上。

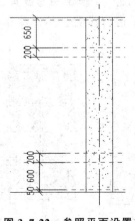

图 3.7-22　参照平面设置

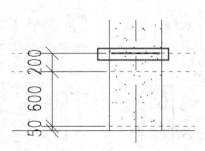

图 3.7-23　箍筋复制

选中柱下部箍筋，按图 3.7-24 所示进行设置，结果如图 3.7-25 所示。将另一根箍筋按图 3.7-26 所示进行设置，将柱下端的钢筋集复制到柱上端，结果如图 3.7-27 所示，效果图如图 3.7-28 所示。

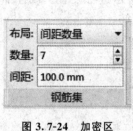

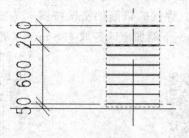

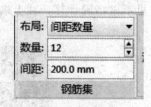

图 3.7-24　加密区　　　　　　图 3.7-25　加密区箍筋绘制　　　　　图 3.7-26　非加密区
箍筋参数设置　　　　　　　　　　　　　　　　　　　　　　　　　　箍筋参数设置

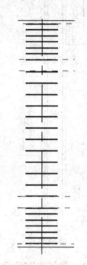

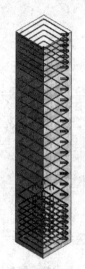

图 3.7-27　箍筋绘制结果　　　　　图 3.7-28　箍筋创建完成后的效果

（2）柱纵筋创建：在剖面视图上，选择"结构"→"钢筋"命令，在"钢筋形状浏览器"面板中选择"钢筋形状：01"，在"属性"面板中选择"25HRB400"，修改钢筋放置方向为"垂直于保护层"（图 3.7-29），钢筋集布局数量按图 3.7-30 所示进行设置。然后将鼠标移至箍筋边单击进行放置，放置完成后如图 3.7-31 所示。

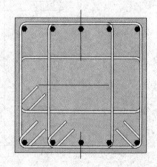

图 3.7-29　放置方向设置　　　图 3.7-30　钢筋集布局数量设置（一）　　　图 3.7-31　纵筋设置后的效果

再设置如图 3.7-32 所示的钢筋集，放置完成后的效果如图 3.7-33 所示。在三维视图中选中钢筋，设置视图可见性状态，最终效果如图 3.7-34 所示。

图 3.7-32　钢筋集
布局数量设置(二)

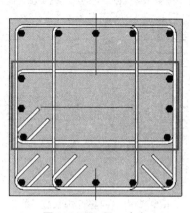

图 3.7-33　另一方向
纵筋设置后的效果

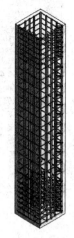

图 3.7-34　视图可见性状态
设置完成后的效果

若钢筋有弯钩，选中钢筋，打开"钢筋形状浏览器"，在浏览器中选中钢筋形状进行替换，图 3.7-35 所示为"钢筋形状：05"的效果。钢筋弯钩的长度可以设置，在"属性"面板中单击"编辑类型"按钮，在弹出的"类型属性"对话框中单击"尺寸标注"区域弯钩长度后的"编辑"按钮(图 3.7-36)，弹出"钢筋弯钩长度"对话框，取消勾选"自动计算"，即可根据图集规范等要求编辑弯钩长度，如图 3.7-37 所示。

系统默认钢筋材质是生锈的，用户也可修改钢筋外观显示。在"属性"面板中单击"编辑类型"按钮，在弹出的"类型属性"对话框中"材质和装饰"区域单击"材质"后的扩展菜单键(图 3.7-38)，弹出"材质浏览器"对话框，在"外观"选项卡"图像"上单击(图 3.7-39)，打开"纹理编辑器"对话框，单击"源"(图 3.7-40)，在弹出的"选择文件"对话框中选择"124"(图 3.7-41)，单击"打开"按钮，按图 3.7-42 和图 3.7-43 所示进行设置，完成后的效果如图 3.7-44所示。

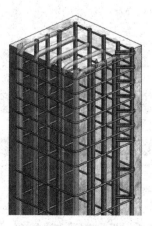

图 3.7-35　钢筋弯钩示意

图 3.7-36　类型属性参数设置

图 3.7-37　钢筋弯钩长度设置

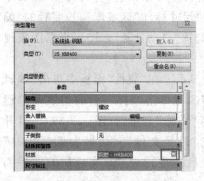

图 3.7-38　类型属性参数设置

图 3.7-39　"材质浏览器"对话框

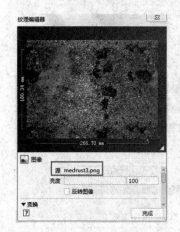

图 3.7-40　"纹理编辑器"对话框

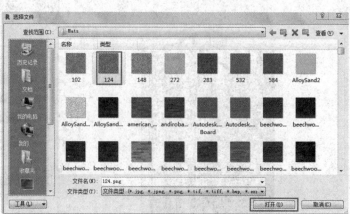

图 3.7-41　"选择文件"对话框

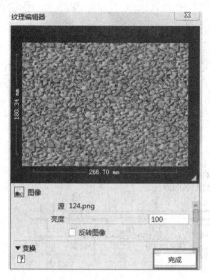

图 3.7-42　单击"完成"按钮

图 3.7-43　单击"确定"按钮

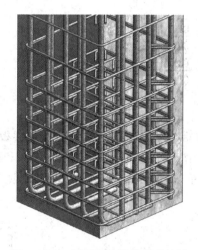

图 3.7-44　设置后的钢筋外观效果

3.7.2　创建和编辑梁钢筋

框架梁钢筋的创建和编辑与框架柱的相同，在此不再赘述。

微课：梁纵筋绘制

微课：梁箍筋绘制

微课：梁拉结筋绘制

3.7.3　创建和编辑板钢筋

以图 3.7-45 所示的 LB6 为例创建和编辑楼板钢筋。

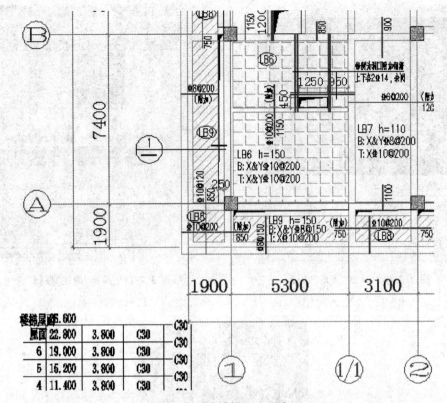

图 3.7-45　楼板 LB6 示意

在"结构"选项卡"钢筋"面板中单击"面积"按钮,点选楼板边,用"矩形"命令绘制区域钢筋范围,如图 3.7-46 所示。在"属性"面板中按图 3.7-47 和图 3.7-48 所示进行设置板顶部与底部的配筋参数,然后单击"完成编辑模式"按钮。创建完成后的效果如图 3.7-49 所示。

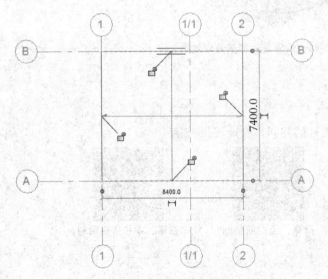

图 3.7-46　钢筋范围绘制

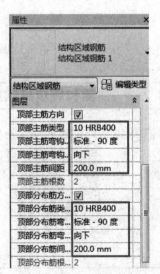

图 3.7-47　顶部主筋参数设置

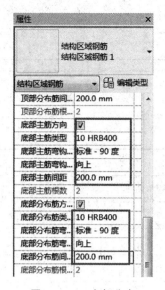

微课：板钢筋绘制

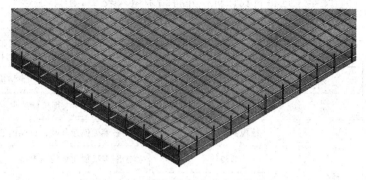

图 3.7-48　底部分布
筋参数设置

图 3.7-49　板钢筋创建完成后的效果

板钢筋的编辑方法与框架柱的相同，在此不再赘述。

任务总结

　　结构建模标高按结构施工图，建议新建通用性强的结构基础族，设置参数控制，最好能覆盖各种电梯井基坑、集水坑；少用内建模型创建异形的柱、基础等，既不能附着，也不方便管理异形构件编号。施工单位结构楼板建模宜按支座内轮廓生成楼板。Revit 中钢筋建模用时长，对于自定义构建族，建议在族编辑时勾选"允许钢筋附着到主体上"，可借助 Revit 相关插件进行钢筋建模。

任务分组

为学生分配任务，填写表 3-1。

表 3-1　学生任务分配表

班级		组号		指导教师	
组长		学号			
组员	姓名	学号	姓名	学号	姓名	学号
任务分工						

1. 学生进行自我评价，并将结果填入表 3-2 中。

表 3-2　学生自评表

班级		姓名		学号		
项目 3			结构模型创建			
评价项目		评价标准			分值	得分
模型完整性	结构基础、拉梁	能够准确创建基础、拉梁模型			5	
	结构柱	能够准确创建结构柱模型			5	
	结构梁	能够准确创建结构梁模型			5	
	结构板	能够准确创建结构板模型			5	
	结构钢筋	能够准确创建结构钢筋模型			5	
构件属性定义	结构构件（柱、墙、梁、板、基础）属性应符合图纸要求且无误	属性设置无误			10	
碰撞检查	结构板与其他结构构件不得重叠（与钢梁重叠除外）	结构板与其他结构构件无重叠碰撞			15	
	混凝土框架梁建模应按实际施工跨数布置且顶标高应与实际施工一致	结构梁布置准确			15	
工程量统计	按照模型进行工程量统计且命名正确。按照结构柱、结构墙、混凝土框架梁、楼板、基础等填写工程量统计表	工程量统计正确，命名正确。工程量统计表正确			10	
	工作态度	态度端正，无无故缺勤、迟到、早退现象			5	
	工作质量	能按时按量完成工作任务			5	
	协调能力	与小组成员之间能合作交流、协调工作			5	
	职业素质	能做到保护环境，爱护公共设施			5	
	创新意识	有主动创新意识，能够在会翻模的基础上进行设计			5	
合计					100	

2. 学生以小组为单位进行互评，并将结果填入表 3-3 中。

表 3-3 学生互评表

班级			小组			
任务		结构模型创建				
评价项目		分值	评价对象得分			
模型完整性	结构基础、拉梁	5				
	结构柱	5				
	结构梁	5				
	结构板	5				
	结构钢筋	5				
构件属性定义	结构构件（柱、墙、梁、板、基础）属性应符合图纸要求且无误	10				
碰撞检查	结构板与其他结构构件不得重叠（与钢梁重叠除外）	15				
	混凝土框架梁建模应按实际施工跨数布置且顶标高应与实际施工一致	15				
工程量统计	按照模型进行工程量统计且命名正确。按照结构柱、结构墙、混凝土框架梁、楼板、基础等填写工程量统计表	10				
	工作态度	5				
	工作质量	5				
	协调能力	5				
	职业素质	5				
	创新意识	5				
	合计	100				

3. 教师对学生工作过程与结果进行评价，并将结果填入表 3-4 中。

表 3-4　教师综合评价表

班级			姓名		学号	
项目 3			结构模型创建			
评价项目		评价标准			分值	得分
模型完整性	结构基础、拉梁	能够准确创建基础、拉梁模型			5	
	结构柱	能够准确创建结构柱模型			5	
	结构梁	能够准确创建结构梁模型			5	
	结构板	能够准确创建结构板模型			5	
	结构钢筋	能够准确创建结构钢筋模型			5	
构件属性定义	结构构件(柱、墙、梁、板、基础)属性应符合图纸要求且无误	属性设置无误			10	
碰撞检查	结构板与其他结构构件不得重叠(与钢梁重叠除外)	结构板与其他结构构件无重叠碰撞			15	
	混凝土框架梁建模应按实际施工跨数布置且顶标高应与实际施工一致	结构梁布置准确			15	
工程量统计	按照模型进行工程量统计且命名正确。按照结构柱、结构墙、混凝土框架梁、楼板、基础等填写工程量统计表	工程量统计正确,命名正确。工程量统计表正确			10	
	工作态度	态度端正,无无故缺勤、迟到、早退现象			5	
	工作质量	能按时按量完成工作任务			5	
	协调能力	与小组成员之间能合作交流、协调工作			5	
	职业素质	能做到保护环境,爱护公共设施			5	
	创新意识	有主动创新意识,能够在会翻模的基础上进行设计			5	
合计					100	
综合评价	自评(20%)		小组互评(30%)	教师评价(50%)	综合得分	

--------- 习　题 ---------

一、单项选择题

1. 结构施工图设计模型的关联信息不包括(　　)。

A. 构件之间的关联关系　　　　　B. 模型与模型的关联关系

C. 模型与信息的关联关系　　　　D. 模型与视图的关联关系

2. 在放置结构柱的时候，将柱子快速地布置到轴网的相交处的方法是（　　　）。

A. 选中相关的轴网

B. 单击放置柱选项面板中的"在轴网处"按钮

C. 用参照线定位

D. 用模型线定位

3. 以下不属于 Revit 中梁的结构用途是（　　　）。

A. 大梁　　　　　B. 支梁　　　　　C. 托梁　　　　　D. 檩条

4. 结构柱仅在平面视图中表面涂黑，需要更改柱子材质的（　　　）。

A. 表面填充图案　　　　　　　　　B. 着色

C. 截面填充图案　　　　　　　　　D. 粗略比例填充样式

5. 下列选项中不属于结构图包含的内容的是（　　　）。

A. 基础平面图　　　B. 基础详图　　　C. 系统图　　　D. 设计图

6. 使用"结构墙"工具，并选择同一种墙类型，则默认的"结构用途"值为（　　　）。

A. 承重　　　　　B. 非承重　　　　C. 抗剪　　　　D. 符合结构

7. 在"修改｜放置钢筋"选项卡 "放置方向" 面板中，下列不是放置方向（方向定义了在放置到主体中时的钢筋对齐方向）的是（　　　）。

A. 平行于工作平面　　　　　　　　B. 平行于保护层

C. 垂直于保护层　　　　　　　　　D. 垂直于工作面

8. 链接的 CAD 参照底图被同名称文件替换但路径并未发生更改，这时应该（　　　）。

A. 重新载入来自　　B. 添加　　　　C. 卸载　　　　D. 重新载入

9. 在创建结构柱的时候，按（　　　）可以循环放置基点。

A. Ctrl 键　　　　B. Tab 键　　　　C. 回车键　　　　D. 空格键

10. 放置梁时，Z 轴对正方式不包括（　　　）。

A. 原点　　　　　B. 中心线　　　　C. 统一　　　　D. 底

二、多项选择题

1. 下列图元不属于系统族的有（　　　）。

A. 结构柱　　　　B. 楼梯　　　　　C. 门　　　　　D. 地形表面

2. 结构选项卡中"构件面板"下"梁"的结构用途有（　　　）。

A. 大梁　　　　　B. 水平支撑　　　C. 托梁　　　　D. 檩条

E. 连梁

3. 在 Revit 中，基础的形式有（　　　）。

A. 独立　　　　　B. 板　　　　　　C. 条形　　　　D. 桩

三、实操题

1. 根据下图混凝土平法标注，建立混凝土板、梁模型及板钢筋模型。其中，板的混凝土强度等级为 C30，保护层厚度为 15 mm，板底部钢筋为 45°弯钩，顶部锚固端 90°弯钩，边支撑梁的混凝土强度等级为 C30，截面尺寸为 300 mm×600 mm。要求输出板钢筋明细表，并在适当位置标注尺寸，未标明尺寸可自行定义[2021 年第六期"1＋X"建筑信息模型（BIM）职业技能等级考试——中级（结构工程方向）实操题第一题]。

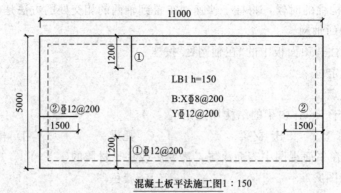

混凝土板平法施工图1:150

实操题 1 图

2. 创建钢筋混凝土圆柱及螺旋箍筋。其中，钢筋混凝土圆柱混凝土强度等级为 C30，截面直径为 800 mm，高度为 3 000 mm，混凝土保护层厚度为 25 mm；螺旋箍筋为 $\phi 8$，螺距为 120 mm，底部和顶部面层匝数均为 5，起点和终点弯钩均为 135°，三维视图中可实体查看到该箍筋。未标明尺寸可自行定义 [2021 年第二期"1＋X"建筑信息模型（BIM）职业技能等级考试——中级（结构工程方向)实操试题第一题]。

3. 根据下图创建混凝土杯形基础。基础材质为 C35 混凝土，并在适当位置进行标注，标注方式如下图所示 [2021 年第三期"1＋X"建筑信息模型（BIM）职业技能等级考试——中级（结构工程方向)——实操试题第二题]。

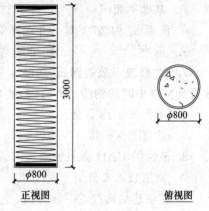

正视图　　　　俯视图

实操题 2 图

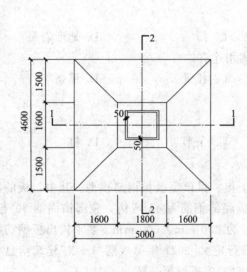

俯视图 1:50

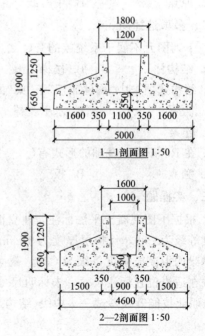

1—1剖面图 1:50

2—2剖面图 1:50

实操题 3 图

项目	结构模型创建	任务	结构模型创建
知识目标	1. 理解结构建模标准。 2. 掌握结构模型的创建过程	技能目标	1. 能够根据建筑平面图、立面图建立标高及轴网，能够根据梁柱及基础施工图创建及定位柱、梁、基础等结构构件。 2. 能够根据配筋图创建钢筋模型
素质目标	1. 增强"中国制造"的忠诚与使命、责任与担当的意识，培养"中国速度"与"中国质量"并重的信念。 2. 树立"安全就是形象、安全就是发展、安全就是效益"的观念，提高安全意识，确保施工安全。 3. 培养团队合作精神，增强团队合作的积极性与协作性		
任务描述	根据业主提供的图纸，对"×××学院被动式超低能耗实验楼"结构施工图利用 Revit Structure 2018 创建结构模型。在项目开工前，审查施工图纸，修正图纸中的错误，对做好施工前的准备工作很关键		
任务要求	1. 能够掌握样板文件及族文件。 2. 在 Revit Structure 中掌握结构基础的搭建。 3. 在 Revit Structure 中掌握结构柱的搭建。 4. 在 Revit Structure 中掌握结构梁的搭建。 5. 在 Revit Structure 中掌握结构板的搭建。 6. 在 Revit Structure 中掌握结构楼梯的搭建。 7. 在 Revit Structure 中掌握结构钢筋的搭建		
任务实施	1. 将创建完成的结构模型进行轻量化，生成二维码，用"学生学号＋姓名"命名，将二维码上传至网络教学平台。 2. 同学们相互扫描二维码查看创建的结构模型。 3. 学生小组之间进行点评。 4. 教师通过学生创建的模型提出问题。 5. 学生积极讨论和回答老师提出的问题。 6. 教师总结。 7. 学生自我评价，小组打分，选出优秀作品进行 3D 打印		
作品提交	完成作品网上上传工作，要求： 1. 拍摄自己绘制的结构模型上传至教学平台。 2. 模型上面写上班级、姓名、学号		

项目4　场地模型创建

知识目标

1. 掌握场地模型创建。
2. 了解指北针的创建。

技能目标

1. 能够正确识读施工图纸场地模型。
2. 能够根据图纸创建场地模型，包括地形表面、建筑地坪、地形子面域、场地构件。

素质目标

1. 具备拼搏进取的精神和勇攀高峰的工作意识，培养诚实守信的品德和高尚的人格。
2. 培养奉献精神和"三服务"的意识。
3. 培养对所学知识和工作实际迁移与应用的能力，塑造专业人的思维、习性和精神品质。

任务描述

根据"×××学院被动式超低能耗实验楼"建筑施工图图纸，利用 Revit 2018 创建场地模型，包括地形表面、建筑地坪、地形子面域、场地构件等。在项目开工前，审查施工图纸，修正图纸中的错误，做好施工前的准备工作。

任务要求

1. 根据图纸掌握地形表面的创建方法。
2. 掌握建筑地坪的创建方法。
3. 掌握地形子面域的创建方法。
4. 掌握场地构件的布置方法。
5. 掌握指北针的插入方法。

场地漫游三个阶段

4.1 地形表面

地形表面是建筑场地地形或地块地形的图形表示。

在项目浏览器中展开"楼层平面"项，双击视图名称"场地"，进入场地平面视图。在"建筑"选项卡"工作平面"面板中选择"参照平面"命令，根据图纸尺寸绘制四个参照平面，如图 4.1-1 所示。

微课：地形表面绘制

在"体量和场地"选项卡"场地建模"面板中选择"地形表面"命令，光标回到绘图区域，Revit 将进入草图模式。选择"放置点"命令，选项栏中显示"高程"选项 高程 0.0 绝对高程，将鼠标移至高程数值"0.0"上，即可设置新值，输入"－450"，按 Enter 键完成高程值的设置。移动鼠标至绘图区域，依次单击参照平面的四个交点，即放置了 4 个高程为"－450"的点，并形成了以该四个点为端点的高程为"－450"的一个地形平面，如图 4.1-2 所示。

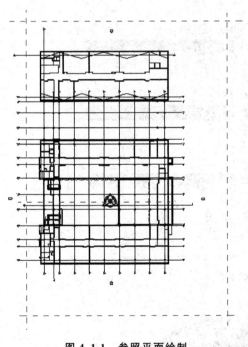

图 4.1-1 参照平面绘制

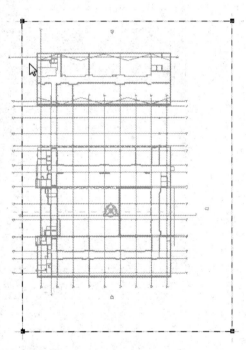

图 4.1-2 地形平面

在"属性"面板中单击"材质"→"按类别"选项后的矩形"浏览"图标如图 4.1-3 所示，弹出"材质浏览器"对话框，在左侧材质中选择"土壤"材质，单击"确定"按钮关闭所有对话框。此时给地形表面添加了土壤材质，如图 4.1-4 和图 4.1-5 所示。单击"完成表面"按钮，完成地形表面创建，结果如图 4.1-6 所示。

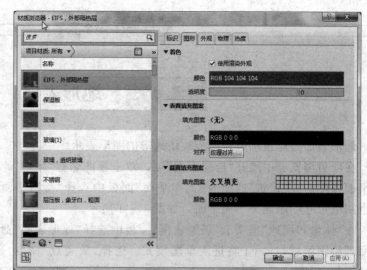

图 4.1-3 "浏览"图标

图 4.1-4 "材质浏览器"对话框

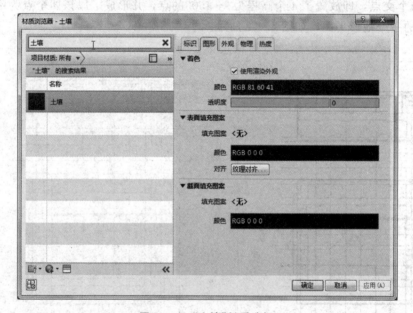

图 4.1-5 "土壤"材质选择

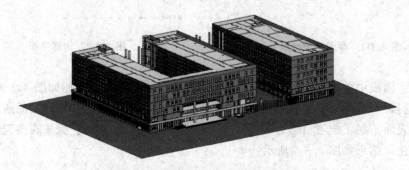

图 4.1-6 地形表面创建完成后的效果

4.2 建筑地坪

"建筑地坪"创建工具适用于快速创建水平地面、停车场、水平道路等。

在项目浏览器中展开"楼层平面"项，双击视图名称"标高1"，进入标高1平面视图。在"体量和场地"选项卡"场地建模"面板中选择"建筑地坪"命令，进入建筑地坪的草图绘制模式。利用"绘制"面板中的"直线"和"拾取线"命令，绘制建筑地坪轮廓，如图4.2-1所示，绘制时必须保证轮廓线闭合。

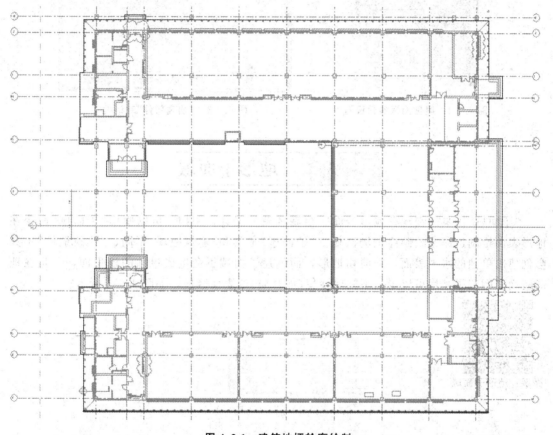

图4.2-1 建筑地坪轮廓绘制

在"属性"面板"自标高的高度偏移"的参数值中输入"－450.0"，如图4.2-2所示。在"属性"面板中单击"编辑类型"按钮，弹出"类型属性"对话框，单击"结构"后的"编辑"按钮，弹出"编辑部件"对话框，如图4.2-3所示。单击"按类别"后面的矩形"浏览"图标，弹出"材质浏览器"对话框，选择材质为"场地－碎石"，单击"确定"按钮。单击"完成编辑模式"按钮，完成建筑地坪创建，保存文件。

微课：建筑地坪

图 4.2-2　属性面板参数设置

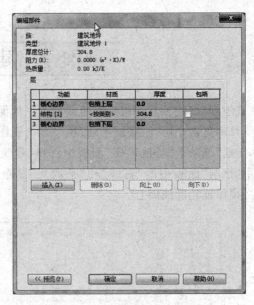

图 4.2-3　"编辑部件"对话框

4.3　地形子面域

　　"子面域"工具是在现有地形表面中绘制区域的工具。例如，可以使用"子面域"命令在地形表面绘制道路或绘制停车场区域。"子面域"工具和"建筑地坪"不同，"建筑地坪"工具会创建出单独的水平表面，并剪切地形，而创建子面域不会生成单独的地平面，而是在地形表面上圈定了某块可以定义不同属性集（如材质）的表面区域，如图 4.3-1 所示。

微课：地形子面域

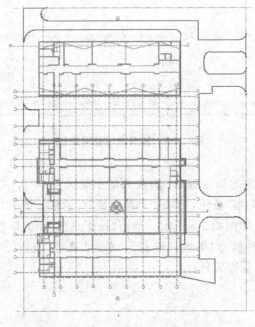

图 4.3-1　"子面域"工具绘制效果

在项目浏览器中展开"楼层平面"项，双击视图名称"场地"，进入场地平面视图。在"体量和场地"选项卡"修改场地"面板中单击"子面域"按钮，进入草图绘制模式。利用"绘制"面板中的"直线""拾取线""圆角弧"工具，根据总平面图尺寸绘制如图 4.3-1 所示的子面域轮廓。在"属性"面板"材质"区域中单击"按类别"后的矩形"浏览"图标，弹出"材质浏览器"对话框，在材质中新建"场地道路"材质，单击"确定"按钮关闭所有对话框。单击"完成编辑模式"按钮，完成子面域命令，完成场地道路的创建，保存文件。

4.4　场地构件

有了地形表面和道路，再配上生动的花草、树木等场地构件，可以使整个场景显得更加丰富。场地构件的绘制同样在默认的"场地"视图中完成。

在项目浏览器中展开"楼层平面"项，双击视图名称"场地"，进入场地平面视图。在"体量和场地"选项卡"场地建模"面板中单击"场地构件"按钮，在类型选择器中选择需要的构件。也可单击"模式"面板中的"载入族"按钮，打开"载入族"对话框，依次双击"建筑"→"植物"→"3D"→"乔木"文件夹，并单击选中"白杨 3D"，再单击"打开"按钮，将其载入项目中。在"场地"平面图中，根据总平面图在道路及建筑物周围添加场地构件树，如图 4.4-1 所示。最终的三维视图效果图如图 4.4-2 所示。

微课：场地构件

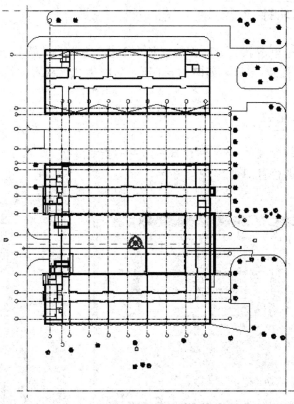

图 4.4-1　在"场地"平面视图中添加场地构件树

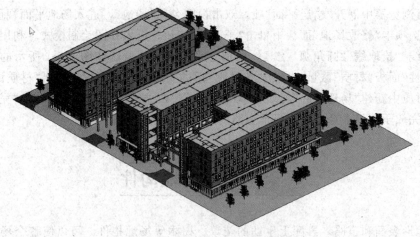

图 4.4-2　最终的三维视图效果图

4.5　指北针

4.5.1　载入指北针

在"插入"选项卡中单击"载入族"按钮，依次双击"注释"→"符号"→"建筑"文件夹，选择"指北针 2"，单击"打开"按钮，如图 4.5-1 所示，将指北针载入项目中。

4.5.2　绘制指北针

在项目浏览器中依次展开"族"→"注释符号"→"指北针 2"（图 4.5-2），选择"填充"选项，拖拽到平面图中合适的位置即可。

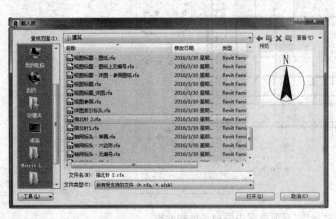

图 4.5-1　指北针载入到项目

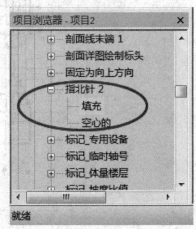

图 4.5-2　绘制指北针

任务总结

　　通过本项目的学习可以知道，场地模型创建主要包括地形表面、建筑地坪、地形子面域的创建及场地构件的插入。地形创建需要高程点，建筑地坪创建基于地形表面，即建筑地坪的轮廓线必须在地形表面内绘制，且地形表面、建筑地坪和地形子面域均可以附着相应材质，而场地构件的插入能够使整个场地布置更生动且富有生机。

任务分组

　　为学生分配任务，并填写表 4-1。

表 4-1　学生任务分配表

班级		组号		指导教师			
组长		学号					
组员	姓名	学号	姓名	学号	姓名		学号
任务分工							

评价反馈

1. 学生进行自我评价，并将结果填入表 4-2 中。

表 4-2　学生自评表

班级			姓名		学号		
项目 4			场地模型创建				
评价项目			评价标准			分值	得分
场地模型创建	地形表面		了解地形表面定义，掌握地形表面的创建和材质添加			20	
	建筑地坪		了解建筑地坪命令的适用条件，掌握其绘制方法及材质设置			20	
	地形子面域		掌握地形子面域的绘制方法			20	
	场地构件		掌握场地构件的添加及载入			15	
工作态度			态度端正，无无故缺勤、迟到、早退现象			5	
工作质量			能按时完成工作任务			5	
协调能力			与小组成员之间能合作交流、协调工作			5	
职业素质			能做到保护环境，爱护公共设施			5	
创新意识			熟练掌握创建方法，能够根据不同的图纸和题目要求完成场地模型创建，将所学知识迁移到工程实际中			5	
合计						100	

2. 学生以小组为单位进行互评，并将结果填入表 4-3 中。

表 4-3　学生互评表

班级			小组				
任务			场地模型创建				
评价项目		分值	评价对象得分				
场地模型创建	地形表面	20					
	建筑地坪	20					
	地形子面域	20					
	场地构件	15					
工作态度		5					
工作质量		5					
协调能力		5					
职业素质		5					
创新意识		5					
合计		100					

3. 教师对学生工作过程与结果进行评价，并将结果填入表 4-4 中。

表 4-4　教师综合评价表

班级			姓名		学号		
项目 4			场地模型创建				
评价项目		评价标准				分值	得分
场地模型创建	地形表面	了解地形表面定义，掌握地形表面的创建和材质添加				20	
	建筑地坪	了解建筑地坪命令的适用条件，掌握其绘制方法及材质设置				20	
	地形子面域	掌握地形子面域的绘制方法				20	
	场地构件	掌握场地构件的添加及载入				15	
工作态度		态度端正，无无故缺勤、迟到、早退现象				5	
工作质量		能按时完成工作任务				5	
协调能力		与小组成员之间能合作交流、协调工作				5	
职业素质		能做到保护环境，爱护公共设施				5	
创新意识		熟练掌握创建方法，能够根据不同的图纸和题目要求完成场地模型创建，将所学知识迁移到工程实际中				5	
合计						100	
综合评价	自评（20%）		小组互评（30%）		教师评价（50%）	综合得分	

一、单项选择题

1. 关于场地的几个概念，下列表述中正确的是(　　)。

A. 拆分表面草图线一定是开放环

B. 子面域草图线一定是闭合环

C. 拆分表面草图线一定是闭合环

D. 子面域草图线一定是开放环

2. 使用如图所示工具，在场地中可以产生的效果是(　　)。

A. 在原有地形中创建出一段平整的场地

B. 在原有地形中创建出相同属性的场地

C. 可以将一块场地分割为两块场地

D. 以上功能都可以实现

建筑
地坪

单项选择题 2 图

3. 场地设置中，"子类别"为等高线指定线样式，默认样式为(　　)。

A. "隐藏线"　　　　　B. "三角形边缘"　　　　C. "主等高线"　　　　D. 以上均是

4. 对场地表面进行拆分的时候，绘制拆分草图形状说法错误的是(　　)。

A. 可以使用"拾取线"命令来拾取地形表面线

B. 可以绘制一个不与任何表面边界接触的单独的闭合环

C. 开放环的两个端点都必须在表面边界上

D. 开放环的任何部分都不能相交，或者不能与表面边界重合

5. 以下关于 Revit 中建筑地坪说法正确的是(　　)。

A. 创建建筑地坪为闭合的环，其高度不能超过地形表面

B. 创建建筑地坪为开放的环，其高度不能超过地形表面

C. 创建建筑地坪为闭合的环，其高度可以超过地形表面

D. 创建建筑地坪为开放的环，其高度可以超过地形表面

二、多项选择题

1. 设置项目地理位置的方式包含(　　)。

A. 在给出的默认城市列表中选取位置

B. 在给出的默认城市列表中输入项目地址

C. 使用 Internet 映射服务链接到谷歌地图，拖动图标到指定位置

D. 使用 Internet 映射服务链接到谷歌地图，在项目地址中输入项目位置

E. 通过输入经纬度定义位置

2. Revit 提供的创建地形表面的方式有(　　)。

A. 放置点　　　　　　B. 通过导入创建　　　　C. 子面域　　　　　　D. 平整区域

E. 简化表面

3. 下列属于 Revit 提供的创建建筑红线的方式有(　　)。

A. 通过角点坐标来创建　　　　　　　　B. 通过导入文件来创建

C. 通过输入距离和方向角来创建　　　　D. 通过拾取来创建

E. 通过绘制来创建

项目	场地模型创建	任务	场地模型创建
知识目标	1. 掌握场地模型创建。 2. 了解指北针的创建	技能目标	1. 能够正确识读施工图场地模型。 2. 能够根据图纸创建场地模型，包括地形表面、建筑地坪、地形子面域、场地构件
素质目标	1. 具备拼搏进取的精神和勇攀高峰的工作意识，培养诚实守信的品德和高尚的人格。 2. 培养奉献精神和"三服务"的意识。 3. 培养对所学知识和工作实际迁移与应用的能力，塑造专业人的思维、习性和精神品质		
任务描述	根据"×××学院被动式超低能耗实验楼"建筑施工图图纸，利用 Revit 2018 创建场地模型，包括地形表面、建筑地坪、地形子面域、场地构件等。在项目开工前，审查施工图纸，修正图纸中的错误，做好施工前的准备工作		
任务要求	1. 根据图纸掌握地形表面的创建方法。 2. 掌握建筑地坪的创建方法。 3. 掌握地形子面域的创建方法。 4. 掌握场地构件的布置方法		
任务实施	1. 将创建完成的场地模型进行轻量化，生成二维码，用"学生学号＋姓名"命名，将二维码上传至网络教学平台。 2. 同学们相互扫描二维码查看创建的场地模型。 3. 学生小组之间进行点评。 4. 教师通过学生的模型提出问题。 5. 学生积极讨论和回答老师提出的问题。 6. 教师总结。 7. 学生自我评价，小组打分，选出优秀作品		
作品提交	完成作品网上上传工作，要求： 1. 拍摄自己绘制的场地模型上传至教学平台。 2. 模型上面写上班级、姓名、学号		

项目 5　给水排水工程模型创建

知识目标

1. 理解给水排水工程建模标准。
2. 掌握给水排水工程模型的创建过程。

技能目标

1. 能够根据给水排水平面图、系统图、建筑和结构模型建立标高及轴网。
2. 能够根据专业设计图纸创建管道、机械设备、管件及管道附件等构件。
3. 能够根据设备图创建设备模型。

素质目标

1. 培养善于沟通、乐于助人的管理协调能力，具有良好的心理素质。
2. 具备精益求精的"大国工匠"精神，培养持之以恒、戒骄戒躁的优秀品质。
3. 培养终身可持续发展能力。

任务描述

根据"×××学院被动式超低能耗实验楼"给水排水图纸，利用 Revit 2018 创建给水排水模型。在建模开始前，应阅读施工图纸，理解设计意图，掌握给水系统、排水系统、喷淋系统和消火栓系统的主要设备位置与主要的管道走向，做好建模前的准备工作。

任务要求

1. 会处理 CAD 文件，掌握各系统的颜色表示。
2. 会创建给水排水的管道。
3. 会创建给水排水族文件。
4. 会连接建筑和结构模型，复制标高和轴线。
5. 会创建给水排水管道、管件及管路附件。
6. 会创建消火栓系统模型。
7. 会创建喷淋系统模型。

5.1　处理设计文件

本项目的图纸包括"给水排水.dwg"和"自喷淋.dwg"两个文件。

双击打开"给水排水.dwg"文件，如图 5.1-1 所示。缩放到最下端的"一层给水排水平面图"。选择除图框外的"一层给水排水平面图"中的图形（在图形左上角单击鼠标左键，移动鼠标到图形右下角，再次单击鼠标左键），如图 5.1-2 所示。

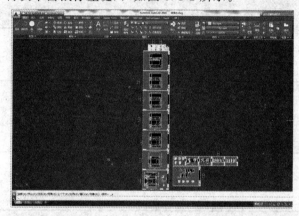

图 5.1-1　打开的"给水排水.dwg"文件

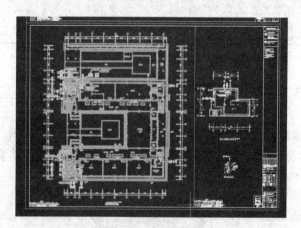

图 5.1-2　选中的图形

按 Ctrl＋C 组合键，将选中的图形复制到剪贴板。按 Ctrl＋N 组合键，新建一个".dwg"文件，在弹出的"选择样板"对话框中，单击"打开"按钮，如图 5.1-3 所示。

在新建的".dwg"文件中，按 Ctrl＋V 组合键，在指定插入点后输入"0，0"，将复制的图形粘贴到新建的文件中。输入"Z"后按 Enter 键，再输入"A"后按 Enter 键，缩放全图，如图 5.1-4 所示。把文件保存为"一层给排水.dwg"，如图 5.1-5 所示。

按上述操作，依次将其他楼层的给水排水图纸保存为独立的文件。将"自喷淋.dwg"文件也分层保存为文件备用。

图 5.1-3　"选择样板"对话框

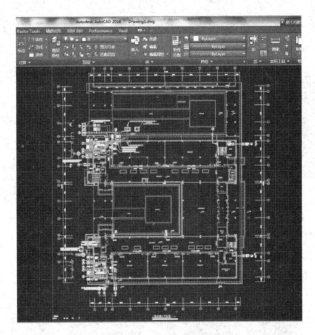

图 5.1-4　粘贴的图形

图 5.1-5　保存文件

5.2　管道颜色设置

在给水排水各专业的 BIM 建模中，一般采用不同的管道颜色区分不同的系统。一般情况下，设计默认的系统管道的颜色为：给水——绿，排水——土黄，消火栓——大红，喷淋——洋红，暖气供水——深蓝，暖气回水——淡蓝。

在 BIM 建模中，一般应当遵循上述规定对管道颜色进行设置。

5.3　新建 Plumbing 样板的项目

在"项目"下单击"新建…"选项，如图 5.3-1 所示，在弹出的"新建项目"对话框中单击"浏览(B)…"按钮，如图 5.3-2 所示。

图 5.3-1　"新建…"按钮

图 5.3-2　"新建项目"对话框

在弹出的"选择样板"对话框中将会显示软件系统自带的样板，机电专业的样板和专业的对应关系如图 5.3-3 所示。

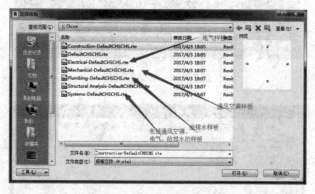

图 5.3-3　"选择样板"对话框

在"选择样板"对话框中，选中"Plumbing-DefaultCHSCHS.rte"后单击"打开"按钮，如图 5.3-4 所示。在"新建项目"对话框中单击"确定"按钮，如图 5.3-5 所示。新建的给水排水项目文件如图 5.3-6 所示。

图 5.3-4　选择样板

图 5.3-5　"确定"按钮

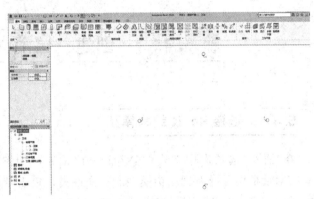

图 5.3-6　新建的给水排水项目文件

在"项目浏览器"中依次展开"视图（规程）"→"卫浴"→"卫浴"→"立面（建筑立面）"，选择"南－卫浴"，如图 5.3-7 所示。在绘图区域选中标高 2 和标高 1，按 Del 键将其删除，如图 5.3-8 所示。此时，会弹出一个对话框，单击"确定"按钮即可。

图 5.3-7　项目浏览器

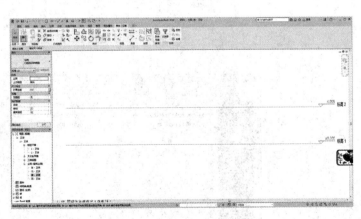

图 5.3-8　删除标高

单击"保存"按钮，如图 5.3-9 所示。在弹出的"另存为"对话框中按图 5.3-10 所示输入文件名，再单击"保存"按钮，完成项目文件的保存。

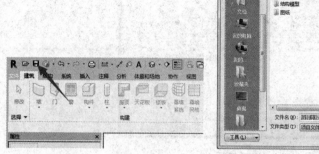

图 5.3-9　"保存"按钮

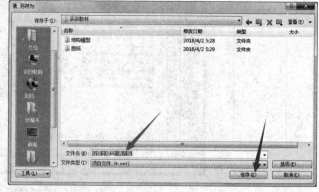

图 5.3-10　"另存为"对话框

5.4　　创建一层消火栓系统模型

5.4.1　链接 Revit 结构模型

　　在"插入"选项卡中单击"链接 Revit"按钮，如图 5.4-1 所示。在弹出的"导入/链接 RVT"对话框中，导航到结构模型所在文件夹，单击结构模型文件，设置"定位"为"自动－中心到中心"，单击"打开"按钮，如图 5.4-2 所示。

图 5.4-1　"链接 Revit"按钮

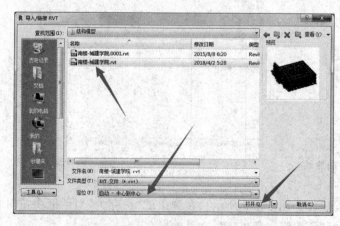

图 5.4-2　"导入/链接 RVT"对话框

如果链接的结构模型版本较旧，则弹出图 5.4-3 所示的"加载链接"对话框。完成后的链接界面如图 5.4-4 所示。

图 5.4-3　"加载链接"对话框

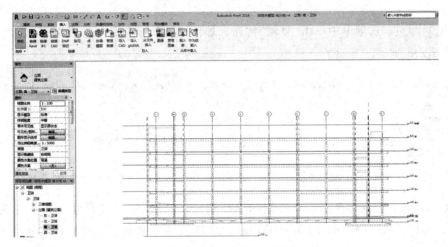

图 5.4-4　链接的结构模型

5.4.2　复制/监视标高和轴线

创建消火栓的第二步是复制/监视标高和轴线。在"协作"选项卡中单击"复制/监视"按钮，在下拉列表中选择"选择链接"选项，如图 5.4-5 所示。

图 5.4-5　"复制/监视"按钮

在绘图区域移动鼠标，当链接的模型亮显时单击鼠标左键，如图 5.4-6 所示。

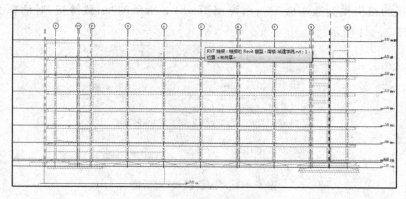

图 5.4-6　选择链接的模型

在"复制/监视"选项卡中单击"复制"按钮，如图 5.4-7 所示。在选项栏中勾选"多个"选项，如图 5.4-8 所示。

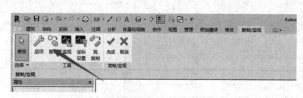

图 5.4-7　"复制"按钮

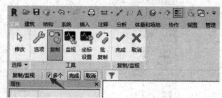

图 5.4-8　"多个"选择框

按住 Ctrl 键，用鼠标单击需要复制的标高和轴网，如图 5.4-9 所示。选择完成后，单击选项栏上的"完成"按钮，如图 5.4-10 所示。复制/监视后的标高轴网如图 5.4-11 所示。

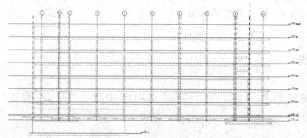

图 5.4-9　选择标高和轴网

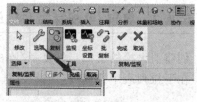

图 5.4-10　"完成"按钮

在"项目浏览器"中双击与南立面垂直的一个立面，如"东-卫浴"，如图 5.4-12 所示。

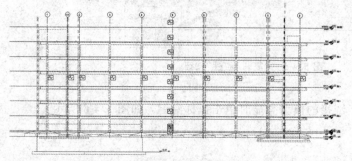

图 5.4-11　复制/监视后的标高轴网网

图 5.4-12　双击"东-卫浴"

在"复制/监视"选项卡上单击"复制"按钮，如图 5.4-13 所示。在选项栏中勾选"多个"选项，如图 5.4-14 所示。

图 5.4-13 "复制"按钮

图 5.4-14 "多个"选择框

按住 Ctrl 键，用鼠标单击需要复制的轴网（标高已经在前一步复制，此时无须再选择），如图 5.4-15 所示。选择完成后，单击选项栏中的"完成"按钮，如图 5.4-16 所示。最后，在"复制/监视"选项卡中单击"完成"按钮，如图 5.4-17 所示。

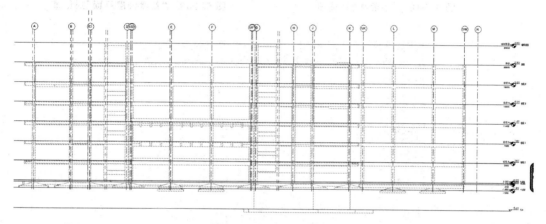

图 5.4-15 完成复制监视

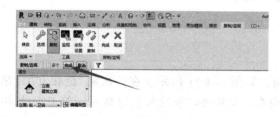

图 5.4-16 "完成"按钮

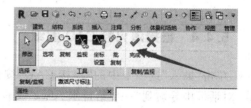

图 5.4-17 "完成"按钮

5.4.3 创建平面视图

单击"视图"选项卡中的"平面视图"按钮，在其下拉菜单中选择"楼层平面"选项，如图 5.4-18 所示。在弹出的如图 5.4-19 所示的"新建楼层平面"对话框中单击"0.000"，然后单击"确定"按钮。生成平面视图后的 Revit 界面如图 5.4-20 所示。

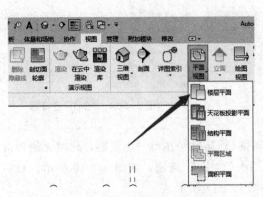

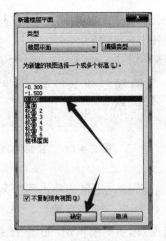

图 5.4-18　"平面视图"按钮　　　　　　　图 5.4-19　"新建楼层平面"对话框

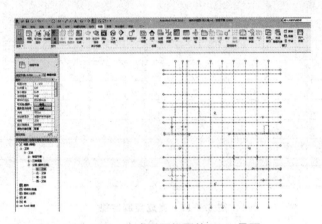

图 5.4-20　生成平面视图的 Revit 界面

5.4.4　链接消火栓 CAD 图纸

单击"插入"选项卡中的"链接 CAD"按钮，如图 5.4-21 所示。在弹出的"链接 CAD 格式"对话框中导航到"一层给排水.dwg"文件所在的文件夹，如图 5.4-22 所示。单击"一层给排水.dwg"文件，设定"图层/标高"为"可见"，"导入单位"为"毫米"，"定位"为"自动－中心到中心"，然后单击"打开"按钮。

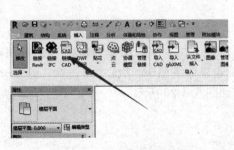

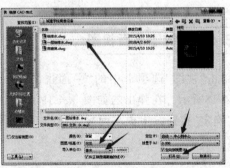

图 5.4-21　"链接 CAD"按钮　　　　　　图 5.4-22　"链接 CAD 格式"对话框

部分链接的 CAD 文件会弹出图 5.4-23 所示的"Revit"警告对话框，单击"关闭"按钮即可。完成链接 CAD 文件后的效果如图 5.4-24 所示。

图 5.4-23　警告对话框

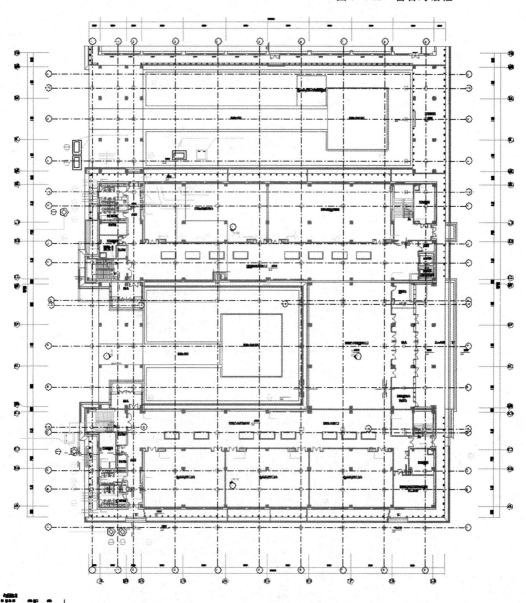

图 5.4-24　链接 CAD 后的效果

单击"对齐"按钮，如图 5.4-25 所示。移动鼠标到模型中的轴线Ⓐ上单击，如图 5.4-26 所示。再移动鼠标，单击链接的 CAD 文件的Ⓐ轴，如图 5.4-27 所示。完成对齐后的文件如图 5.4-28 所示。采用同样的方法将①轴对齐。

图 5.4-25　"对齐"按钮

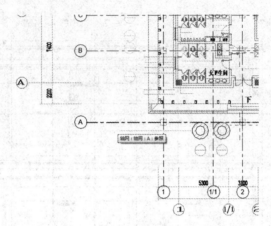

图 5.4-26　单击模型中的轴线Ⓐ

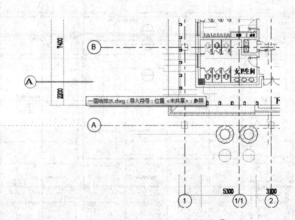

图 5.4-27　单击链接的 CAD 中的轴线Ⓐ

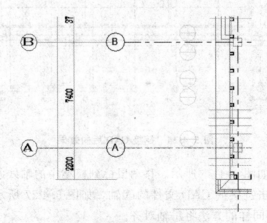

图 5.4-28　对齐后的链接文件

完成对齐后，按 Esc 键退出对齐状态。单击选中已经对齐的 CAD 文件，单击"锁定"按钮，如图 5.4-29 所示，这样是为了避免在建模过程中，CAD 图形被无意拖动。

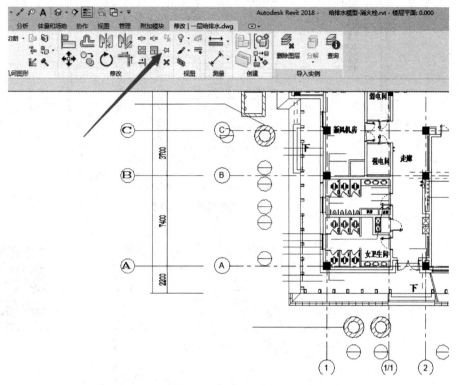

图 5.4-29 锁定链接

5.4.5 创建管道、消火栓箱、管路附件

（1）创建消火栓管道类型。单击"系统"选项卡的"卫浴和管道"面板右侧的"机械设置"按钮，如图 5.4-30 所示，弹出"机械设置"对话框，在对话框中单击"管道设置"下的"管段和尺寸"，在管段后选择"钢，碳钢-Schedule 80"，之后单击其后的"新建管段"按钮，如图 5.4-31 所示。

在弹出的"新建管段"对话框中，单击选中"材质和规格/类型"，再单击"材质（T）"后的"…"按钮，如图 5.4-32 所示。在弹出的"材质浏览器"对话框中，单击左下角的球形图标，在弹出的下拉菜单中选择"新建材质"，如图 5.4-33 所示。

图 5.4-30 "机械设置"按钮

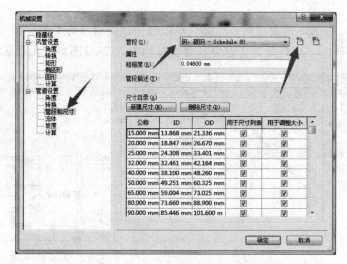

图 5.4-31 "机械设置"对话框

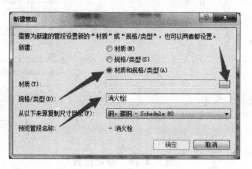

图 5.4-32 "新建管段"对话框

微课：管道创建

图 5.4-33 "材质浏览器"对话框

在项目材质中会出现"默认为新材质"的条目，如图 5.4-34 所示。在"默认为新材质"上单击鼠标右键，在弹出的快捷菜单中单击"重命名"，如图 5.4-35 所示。

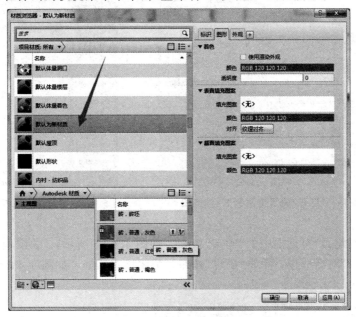

图 5.4-34 选定新建的材质

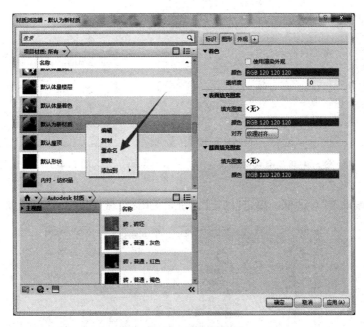

图 5.4-35 重命名材质

此时，该材质名称可以编辑，修改该材质名称为"消火栓管道"，然后单击左下角的"资源浏览器"图标，如图 5.4-36 所示。在弹出的"资源浏览器"对话框的"搜索"框中输入"红"，按 Enter 键，在搜索结果左侧的列表中单击"金属"，在右侧的"资源名称"列表框中双击"阳极电镀－红色"，如图 5.4-37 所示。

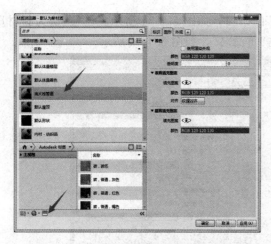

图 5.4-36 "打开/关闭资源浏览器"按钮

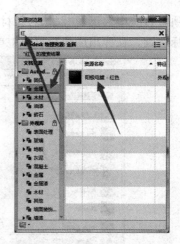

图 5.4-37 "资源浏览器"对话框

单击"材质浏览器"对话框中的"确定"按钮,如图 5.4-38 所示,关闭"材质浏览器"对话框。在"新建管段"对话框中,单击"确定"按钮,关闭该对话框,如图 5.4-39 所示。

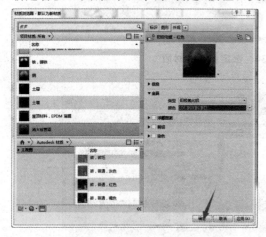

图 5.4-38 确认材质

图 5.4-39 确认管段

返回到"机械设置"对话框,单击"确定"按钮,关闭"机械设置"对话框,如图 5.4-40 所示。

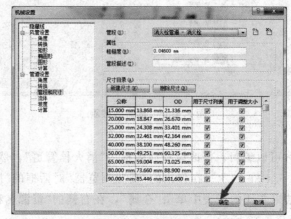

图 5.4-40 确认设置

在"系统"选项卡"卫浴和管道"面板中单击"管道"按钮，如图5.4-41所示。

图5.4-41 "管道"按钮

在"属性"面板中选择管道类型为"标准"，单击"编辑类型"按钮，如图5.4-42所示。在弹出的"类型属性"对话框中单击"复制"按钮，如图5.4-43所示。在弹出的"名称"对话框中输入"消火栓"，如图5.4-44所示，单击"确定"按钮，关闭该对话框。

图5.4-42 "属性"面板

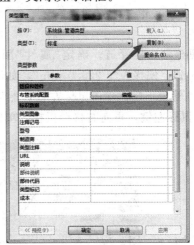

图5.4-43 "类型属性"对话框

在"类型属性"对话框中，单击"编辑"按钮，如图5.4-45所示。在弹出的"布管系统配置"对话框中，在"管段"下方的列表中选择"消火栓管道"，单击"确定"按钮，关闭该对话框，如图5.4-46所示。单击"类型属性"对话框中的"确定"按钮，关闭该对话框，如图5.4-47所示。

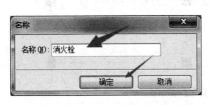

图5.4-44 "名称"对话框

图5.4-45 "编辑"按钮

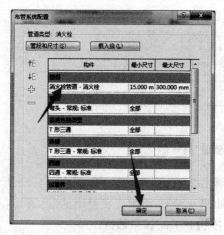

图 5.4-46　选择管段

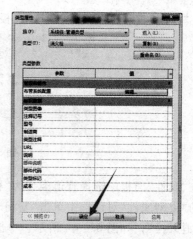

图 5.4-47　确认类型

（2）创建消火栓管道。确定"属性"面板中管道类型为"消火栓"，选项栏中的直径为"100.0 mm"，偏移为"3 225.0 mm"，如图 5.4-48 所示。移动鼠标至"被动技术展室"左侧的 DN100 管道下端，单击鼠标左键，然后沿底图向上移动鼠标，如图 5.4-49 所示；在角点处单击鼠标左键，再向右移动鼠标，单击绘制管道。完成绘制的管道如图 5.4-50 所示。

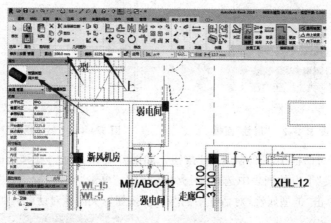

图 5.4-48　设置选项栏

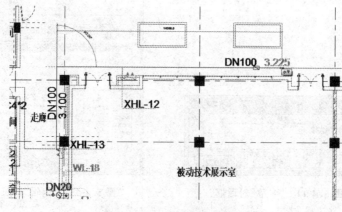

图 5.4-49　绘制消火栓管道

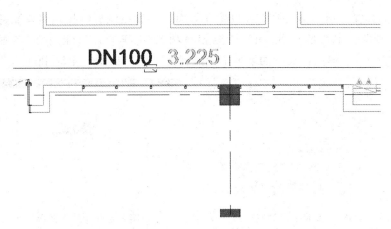

图 5.4-50　绘制完成的消火栓管道

　　(3)调整管道显示。在绘图区域的空白处单击鼠标左键,单击"属性"面板中"视图样板"后的"卫浴平面",如图 5.4-51 所示。在弹出的"指定视图样板"对话框中,单击"名称"下的"无",再单击"确定"按钮,如图 5.4-52 所示。

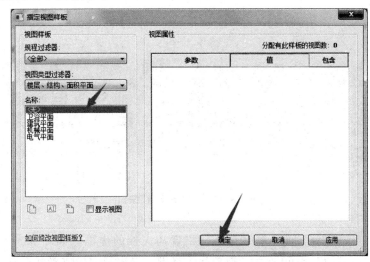

图 5.4-51　"属性"面板　　　　　　　　　　图 5.4-52　"指定视图样板"对话框

　　设置软件窗口下方"视图控制栏"的"详细程度"为"精细";修改"视觉样式"为"真实",如图 5.4-53 所示。调整后的管道效果如图 5.4-54 所示。

图 5.4-53　视图控制栏　　　　　　　　图 5.4-54　调整后的管道

(4)创建消火栓。由于消火栓需要放置在平面上，故在没有链接建筑模型的情况下放置消火栓时，需要先绘制参照平面。单击"系统"选项卡"工作平面"面板中的"参照平面"按钮，如图 5.4-55 所示。在消火栓放置的墙面上绘制参照平面，如图 5.4-56 所示。

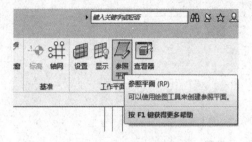

图 5.4-55　"参照平面"按钮　　　　　　　　图 5.4-56　绘制的参照平面

单击"系统"选项卡"机械"面板中的"机械设备"按钮，如图 5.4-57 所示。按图 5.4-58 所示设置"属性"面板中的相关参数。

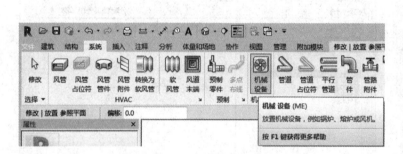

图 5.4-57　"机械设备"按钮　　　　　　　　图 5.4-58　"属性"面板

在参照平面上移动鼠标，出现消火栓的虚框，如图 5.4-59 所示。单击鼠标放置消火栓，如图 5.4-60 所示。按两次 Esc 键，退出消火栓放置状态。

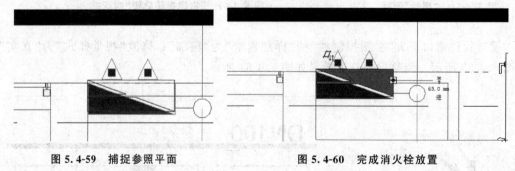

图 5.4-59　捕捉参照平面　　　　　　　　图 5.4-60　完成消火栓放置

单击刚放置的消火栓，在管道连接件端的"65.0 mm 进"图标端单击，开始绘制管道，如图 5.4-61 所示。向右移动鼠标，在管道弯头部位单击鼠标，完成直线管道的绘制，如图 5.4-62 所示。

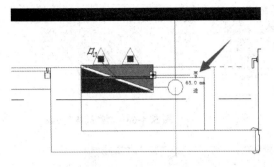

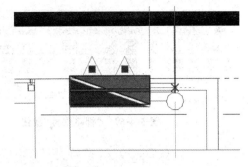

图 5.4-61　管道连接点　　　　　　　　图 5.4-62　完成第一段管道绘制

　　不退出绘制状态，直接修改选项栏的"偏移"为"3 225"，如图 5.4-63 所示。移动鼠标继续向上绘制，连接到消火栓管道的干管，连接完成的管道如图 5.4-64 所示。

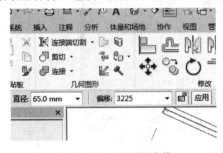

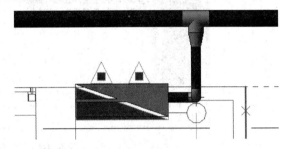

图 5.4-63　修改偏移值　　　　　　　　　　图 5.4-64　完成管道连接

　　单击"视图"选项卡"创建"面板中的"三维视图"按钮，在下拉列表中选择"相机"，如图 5.4-65 所示。移动鼠标，在平面中放置一台相机，朝向刚绘制的消火栓。三维显示完成的消火栓如图 5.4-66 所示。

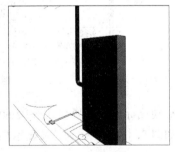

图 5.4-65　放置相机按钮　　　　　图 5.4-66　三维显示
　　　　　　　　　　　　　　　　　　　　完成的消火栓

　　(5)创建管路附件。管路附件一般是管道上安装的阀门等零件。单击"系统"选项卡"卫浴和管道"面板中的"管路附件"按钮，如图 5.4-67 所示。在"修改｜放置 管路附件"上下文选项卡"模式"面板中单击"载入族"按钮，如图 5.4-68 所示。

　　在弹出的"载入族"对话框中，依次双击"机电"→"阀门"→"蝶阀"，双击"蝶阀-D71型"，如图 5.4-69 所示。在弹出的"指定类型"对话框中单击选中"D71X-6-100 mm"，单击"确定"按钮，如图 5.4-70 所示。

图 5.4-67 "管路附件"按钮

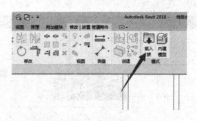

图 5.4-68 "载入族"按钮

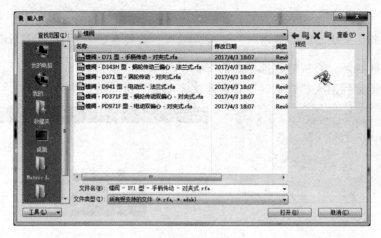

图 5.4-69 蝶阀族

图 5.4-70 "指定类型"对话框

移动鼠标，在需要插入蝶阀的管线上单击鼠标，如图 5.4-71 所示。完成插入蝶阀后的效果如图 5.4-72 所示，三维显示插入后的蝶阀如图 5.4-73 所示。

图 5.4-71 捕捉管道中心线

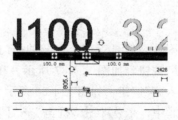

图 5.4-72 完成蝶阀放置后的效果

图 5.4-73 三维显示插入后的蝶阀效果

5.5 创建一层喷淋系统模型

5.5.1 创建喷淋系统的准备

与创建消火栓系统类似，创建喷淋系统前，也需要进行一些准备，这些准备包括链接Revit结构模型、复制/监视标高和轴线、创建平面视图、链接喷淋CAD图纸、创建喷淋管道类型等，这些操作的步骤基本一致，在本部分不再重复讲述。需要指出的是，创建管道类型时，材质的颜色需要和相应系统的习惯一致。

完成上述操作后的Revit界面如图5.5-1所示。

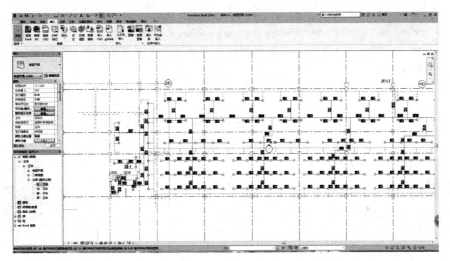

图5.5-1 喷淋系统链接完成后的Revit界面

5.5.2 创建喷淋头、管道、管路附件

喷淋系统建模与消火栓系统建模不同的就是喷头的放置、喷头和管道的连接。

单击"系统"选项卡"卫浴和管道"面板中的"喷头"按钮，如图5.5-2所示。由于一层的喷头是直立型的，需要载入族。单击"修改｜放置 喷头"选项卡中的"载入族"按钮，如图5.5-3所示。

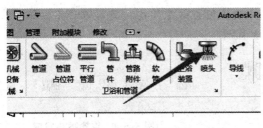

图5.5-2 "喷头"按钮

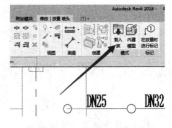

图5.5-3 "载入族"按钮

在弹出的"载入族"对话框中，依次双击"消防"→"给水和灭火"→"喷淋头"，如图 5.5-4 所示。单击选中图 5.5-4 所示的直立型喷头，单击"打开"按钮，这样项目中就载入了直立型喷头。

图 5.5-4 "载入族"对话框

在"属性"面板中设置"偏移"为"3 650"，这是喷头与±0.000 标高的距离，如图 5.5-5 所示。在绘图区域移动鼠标，到 CAD 图的喷头位置，单击鼠标放置第一个喷头，如图 5.5-6 所示。

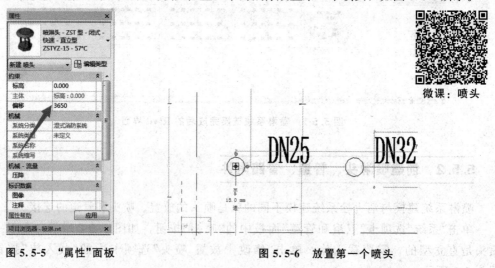

微课：喷头

图 5.5-5 "属性"面板　　　　　　图 5.5-6 放置第一个喷头

移动鼠标，在出现蓝色对齐线的下一个喷头位置逐个单击，放置第二个、第三个喷头，如图 5.5-7 所示。完成后的喷头如图 5.5-8 所示。

图 5.5-7 放置喷头　　　　　　　图 5.5-8 放置喷头完成

一排喷头放置完毕，按两次 Esc 键退出放置喷头状态。单击"系统"选项卡"卫浴和管道"面板中的"管道"按钮，设置管道的类型为前面创建的"喷淋"，选项栏的直径设置为"32.0 mm"，偏移设置为"3 250"，如图 5.5-9 所示。

移动鼠标到最左侧的喷头上，出现捕捉连接件符号时单击鼠标，如图 5.5-10 所示。然后，移动鼠标到最右侧的喷头上，出现捕捉连接件符号后单击鼠标左键，如图 5.5-11 所示。完成管道后如图 5.5-12 所示。需要注意的是，这时只有左、右两个喷头连接到管道上，其他喷头需要到三维视图进行连接。

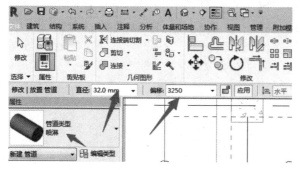

图 5.5-9　设置管道类型和选项栏

图 5.5-10　捕捉左喷头连接件

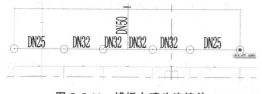

图 5.5-11　捕捉右喷头连接件

图 5.5-12　完成管道

进入三维视图，缩放到刚刚绘制的喷头和管道，如图 5.5-13 所示。单击选中喷头，然后单击"修改｜喷头"选项卡"布局"面板中的"连接到"按钮，如图 5.5-14 所示。

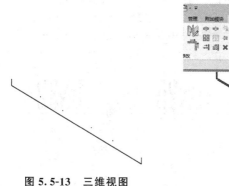

图 5.5-13　三维视图

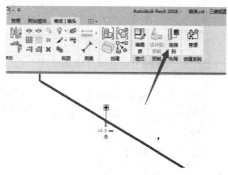

图 5.5-14　单击选中喷头

接着单击三维视图中的管道，如图 5.5-15 所示。此时，喷头和管道进行了连接，如图 5.5-16 所示。

按上述操作，依次连接其他喷头。完成连接后的三维视图如图 5.5-17 所示，完成连接后的平面视图如图 5.5-18 所示。

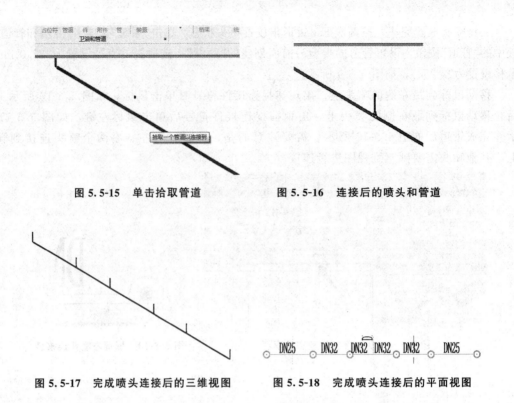

图 5.5-15　单击拾取管道　　　　　　图 5.5-16　连接后的喷头和管道

图 5.5-17　完成喷头连接后的三维视图　　　图 5.5-18　完成喷头连接后的平面视图

修改两端管道的直径。上述建模管道的直径是 32 mm，但两端管道的直径是 25 mm，故需要修改。单击选中要修改的管道，在"修改｜管道"选项卡下的选项栏中修改管道直径为"25.0 mm"，如图 5.5-19 所示。然后，按两次 Esc 键退出。

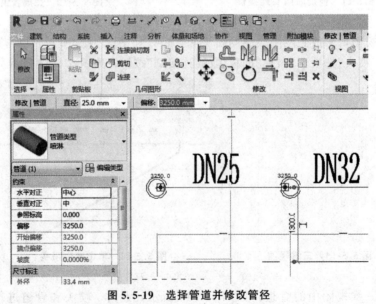

图 5.5-19　选择管道并修改管径

在完成一根完整的管道之后，周边类似的管道和喷头可以进行复制。复制前，首先要在平面视图中选中要复制的管道和喷头，如图 5.5-20 所示。单击"修改"选项卡"修改"面板中的"复制"按钮，如图 5.5-21 所示。勾选选项栏中的"约束"和"多个"选项，如图 5.5-22 所示。

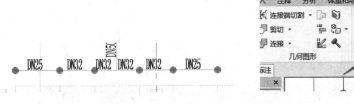

图 5.5-20　选择要复制的全部模型

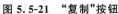

图 5.5-21　"复制"按钮

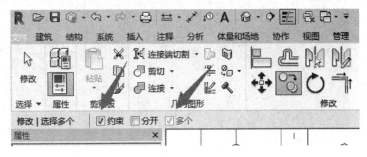

图 5.5-22　设置选项栏

在绘图区域已经选中的管道上单击，确定基点，如图 5.5-23 所示。移动鼠标，到需要放置喷头和管道的位置依次单击，完成复制的图形如图 5.5-24 所示。

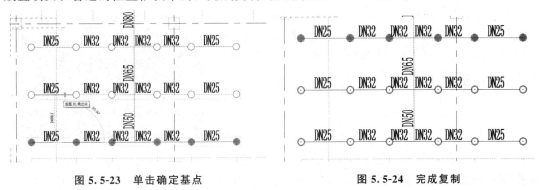

图 5.5-23　单击确定基点　　　　　图 5.5-24　完成复制

采用上述方法完成喷淋系统的建模。喷淋系统的管路附件和消火栓系统的相同，可以通过"载入族"命令进行放置，此处不再赘述。

5.6　　创建一层给水系统模型

5.6.1　创建给水系统的准备

与创建消火栓系统类似，创建给水系统前也需要进行一些准备，这些准备包括链接 Revit 结构模型、复制/监视标高和轴线、创建平面视图、链接给水 CAD 图纸、创建给水管道类型等。这些操作的步骤基本一致，在本部分不再重复。需要指出的是，创建管道类型时，材质的颜色需要和相应系统的习惯一致。

完成上述操作后的 Revit 界面如图 5.6-1 所示。

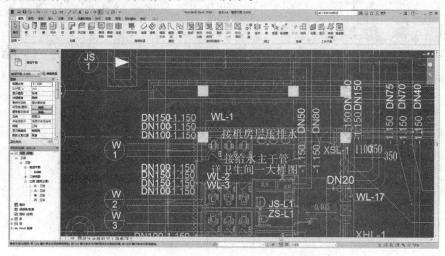

图 5.6-1 消火栓系统链接完成后的界面

5.6.2 创建卫生设备、管道和管路附件

(1)放置卫生设备。部分卫浴设备包括蹲便器、小便器等是基于面的模型，所以，放置这些卫生设备需要一个面，这个面可以通过链接建筑模型得到，或者在 MEP 模型中创建参照平面解决。如图 5.6-2 所示，在蹲便器的位置绘制一个参照剖面。

单击"系统"选项卡"卫浴和管道"面板中的"卫浴装置"按钮，如图 5.6-3 所示。由于默认情况下项目中没有加载蹲便器族，所以需要载入族。单击"修改｜放置 卫浴装置"上下文选项卡中的"载入族"按钮，如图 5.6-4 所示。

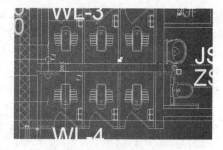

图 5.6-2 绘制参照平面

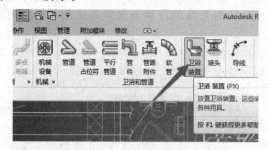

图 5.6-3 "卫浴装置"按钮

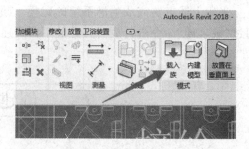

图 5.6-4 "载入族"按钮

在弹出的"载入族"对话框中，依次双击"机电"→"卫生器具"→"蹲便器"，单击选中"蹲便器-自闭式冲洗阀"，再单击"打开"按钮，如图 5.6-5 所示。

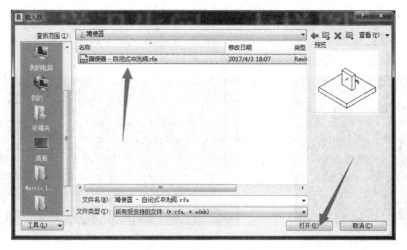

图 5.6-5　载入"蹲便器"族

在"属性"面板中设置蹲便器的垫层长度、宽度和高度等参数，如图 5.6-6 所示。然后，确认"放置在垂直面上"被选中，如图 5.6-7 所示。

微课：卫浴

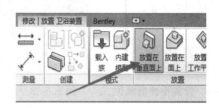

图 5.6-6　设置蹲便器属性参数　　　　图 5.6-7　设置放置方式

在绘制完成的参照平面上移动鼠标，出现蹲便器平面图，如图 5.6-8 所示。此时，单击鼠标完成第一蹲便器放置，如图 5.6-9 所示。依次完成其他蹲便器的放置，如图 5.6-10 所示。

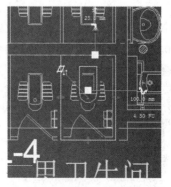

图 5.6-8　在参照平面处放置蹲便器　　　图 5.6-9　完成第一个蹲便器放置

在男卫生间的小便器后的墙线对应位置绘制参照平面，如图5.6-11所示。在"属性"面板中选择小便器，如图5.6-12所示。在绘图区域放置第一个小便器，如图5.6-13所示。依次放置其他小便器，完成小便器放置后如图5.6-14所示。

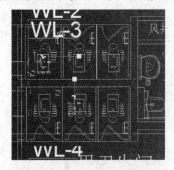

图5.6-10 完成蹲便器放置

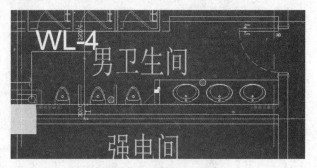

图5.6-11 绘制参照平面

图5.6-12 设置小便器属性

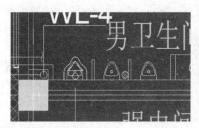

图5.6-13 放置第一个小便器

图5.6-14 放置完成小便器

（2）创建给水管道。单击"系统"选项卡"卫浴和管道"面板中的"管道"按钮，如图5.6-15所示。在"属性"面板中选择"给水管"，偏移设置为"−1 150 mm"，在JS-1位置绘制水平管道，如图5.6-16所示。此时，系统会弹出提示"管道不可见"，暂时可忽略此提示，继续绘制。

在绘制完到管道井的立管位置后，移动鼠标，单击选项栏的"偏移"，修改为"20 000.0 mm"，单击"应用"按钮，如图5.6-17所示。完成立管后的绘图区域如图5.6-18所示。

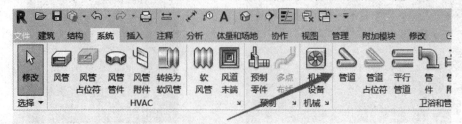

图5.6-15 "管道"按钮

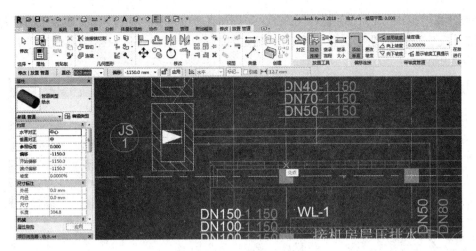

图 5.6-16 绘制给水管道

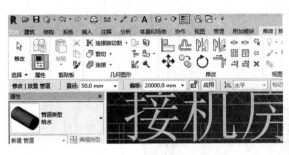

图 5.6-17 修改偏移

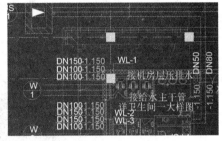

图 5.6-18 完成立管

此时，仍然看不到水平管道，这是因为视图设置有问题。在绘图区域空白处单击鼠标，然后在"属性"面板中找到"视图样板"选项，如图 5.6-19 所示，单击其后面的"卫浴平面"按钮，在弹出的"指定视图样板"对话框中，单击选中"无"，再单击"确定"按钮，如图 5.6-20 所示。

图 5.6-19 "视图样板"选项

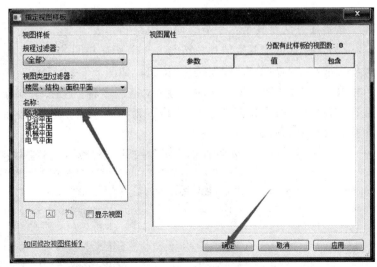

图 5.6-20 "指定视图样板"对话框

单击"视图范围"后面的"编辑"按钮，如图 5.6-21 所示，在弹出的"视图范围"对话框中，按图 5.6-22 所示进行设置，再单击"确定"按钮。绘图区域显示出绘制的水平管道，如图 5.6-23 所示。

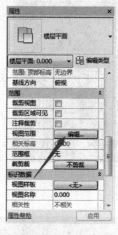

图 5.6-21 "视图范围"按钮

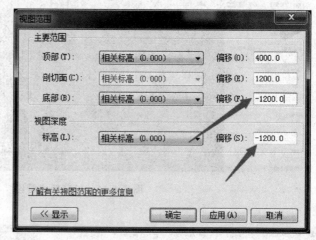

图 5.6-22 "视图范围"对话框

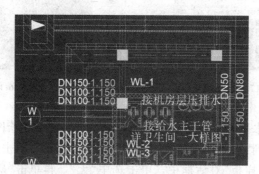

图 5.6-23 显示出水平管道

按上述方法将其余水平与竖向管道绘制完成。

（3）连接管道和卫生洁具。按与 5.1 节所述相同的方法，将给水排水图中的卫生间 1 的大样图摘出，然后单击"管理链接"按钮，如图 5.6-24 所示。在弹出的"管理链接"对话框中单击"CAD 格式"选项卡，再单击选中"链接名称"下的"一层给排水.dwg"，之后单击"卸载"按钮将其卸载，如图 5.6-25 所示。最后，单击"确定"按钮，关闭"管理链接"对话框。卸载链接后的界面如图 5.6-26 所示。

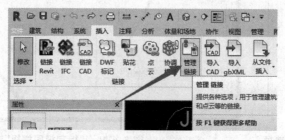

图 5.6-24 "管理链接"按钮

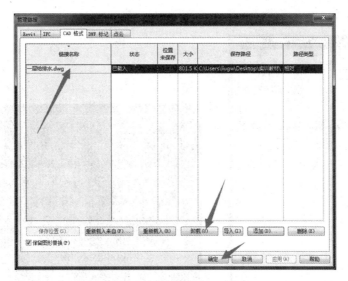

图 5.6-25   "管理链接"对话框

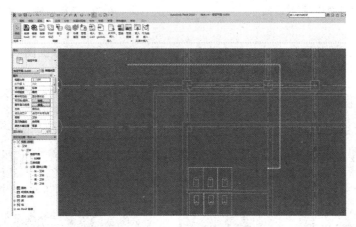

图 5.6-26   卸载链接后的界面

选择"插入"→"链接 CAD"命令，弹出"链接 CAD 格式"对话框，链接摘出的"卫生间 1"的图纸"wsj1.dwg"如图 5.6-27 所示。由于卫生间大样的比例为 1：50，所以需要调整插入后的图纸的比例。在绘图区域选中刚链接的"wsj1.dwg"，单击"属性"面板中的"编辑类型"按钮，弹出"类型属性"对话框，修改比例系数为 0.5，如图 5.6-28 所示。

按前文所述的方法，将卫

图 5.6-27   链接卫生间 1

生间图纸对齐到"卫生间1"部位，如图5.6-29所示。

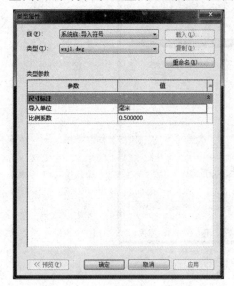

图5.6-28　"类型属性"对话框

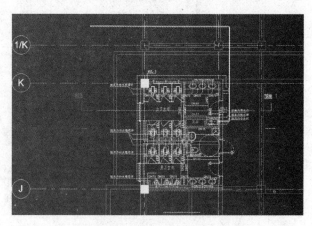

图5.6-29　链接后的"卫生间1"

　　按与放置蹲便器相同的方法放置洗脸盆，如图5.6-30所示。根据图5.6-31所示的系统图，建立洗脸盆的冷水给水管道模型。

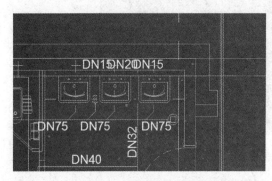

图5.6-30　放置后的洗脸盆

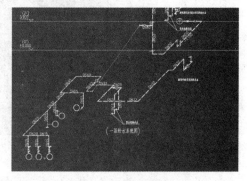

图5.6-31　系统图

5.7　创建一层排水系统模型

5.7.1　创建排水系统的准备

　　与创建消火栓系统类似，创建排水系统前，也需要进行一些准备，这些准备包括链接Revit结构模型、复制/监视标高和轴线、创建平面视图、链接排水CAD图纸等。这些操作的步骤基本一致，在本部分不再重复。

　　完成上述操作后的Revit界面如图5.7-1所示。

　　在"系统"选项卡中单击"机械设置"按钮，如图5.7-2所示，在弹出的"机械设置"对话框中单击左边的"管道设置"下的"管段和尺寸"，在右侧的"管段"下拉列表中选择"PVC-U-GB/T 5836"，再单击其后的"新建管段"按钮，如图 5.7-3 所示。

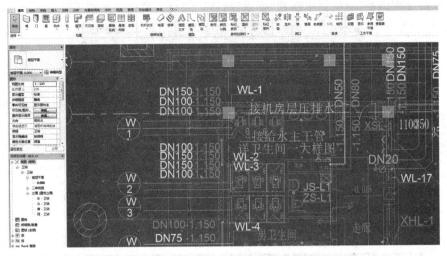

图 5.7-1　排水系统链接完成后的界面

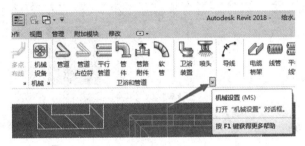

图 5.7-2　"机械设置"按钮

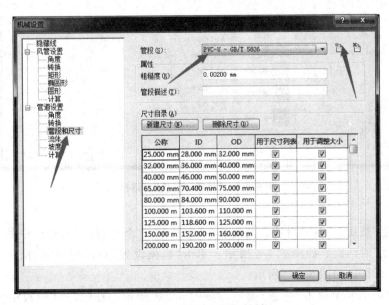

图 5.7-3　"机械设置"对话框

在弹出的"新建管段"对话框中单击选中"材质和规格/类型",在"规格/类型"文本框中输入"排水PVCU"(也可以是其他名称),再单击"材质"右侧的"···"按钮,如图5.7-4所示。在弹出的"材质浏览器"对话框中新建"排水"材质,颜色为黄色,如图5.7-5所示。

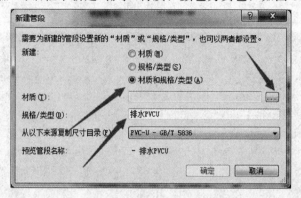

图5.7-4 "新建管段"对话框

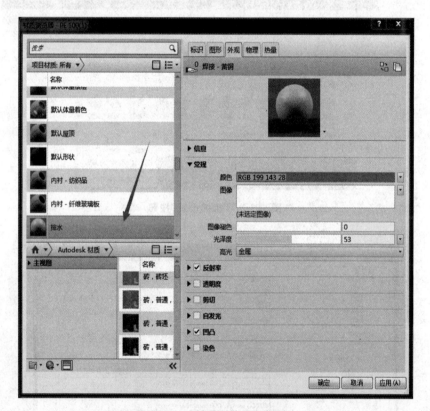

图5.7-5 "材质浏览器"对话框

单击"确定"按钮,关闭"材质浏览器"对话框;单击"新建管段"对话框中的"确定"按钮,关闭"新建管段"对话框,如图5.7-6所示;单击"机械设置"对话框中的"确定"按钮,关闭"机械设置"对话框,如图5.7-7所示。

在"系统"选项卡中单击"管道"按钮,如图5.7-8所示。在"属性"面板中单击"编辑类型"按钮,如图5.7-9所示。

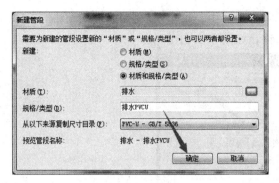

图 5.7-6 关闭"新建管段"对话框

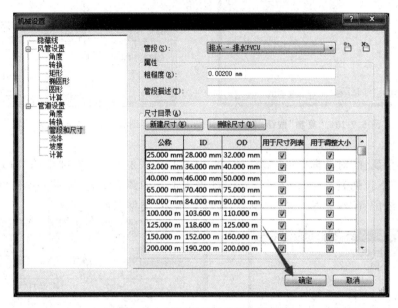

图 5.7-7 关闭"机械设置"对话框

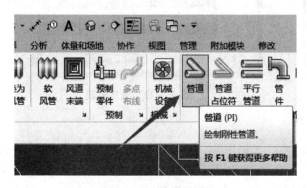

图 5.7-8 "管道"按钮

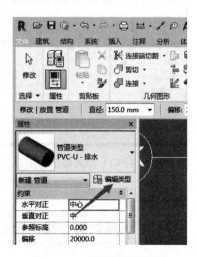

图 5.7-9 "编辑类型"按钮

在弹出的"类型属性"对话框中，单击"复制"按钮，如图 5.7-10 所示。在弹出的"名称"对话框中输入管段的名称，如图 5.7-11 所示。

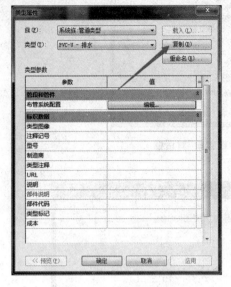

图 5.7-10 "复制"按钮

图 5.7-11 "名称"对话框

单击"类型属性"对话框中的"编辑"按钮，如图 5.7-12 所示。在弹出的"布管系统配置"对话框"管段"下拉列表中选择前面建立的排水管道，如图 5.7-13 所示。单击"确定"按钮，关闭"布管系统配置"对话框；单击"确定"按钮，关闭"类型属性"对话框。

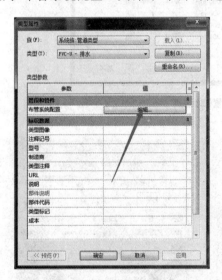

图 5.7-12 "编辑"按钮

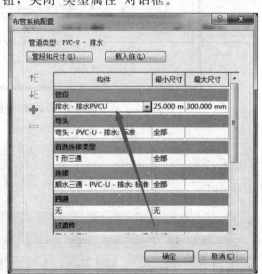

图 5.7-13 选择管段

5.7.2 创建地漏、排水管道

(1)创建地漏。在"系统"选项卡中单击"管路附件"按钮，如图 5.7-14 所示。在"属性"面板中选择"地漏－75 mm"，如图 5.7-15 所示。

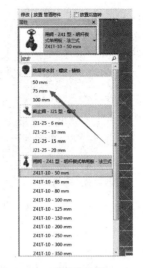

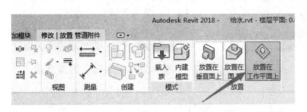

图 5.7-14　"管路附件"按钮　　　　　　　　　图 5.7-15　选择"地漏－75 mm"

单击"修改｜放置　管道附件"上下文选项卡中的"放置在工作平面上"按钮，如图 5.7-16 所示。在洗脸盆下方的地漏位置单击鼠标左键，放置一个地漏，如图 5.7-17 所示。

图 5.7-16　"放置在工作平面上"按钮　　　　图 5.7-17　放置地漏

(2)创建排水管道。在"系统"选项卡中单击"管道"按钮，在选项栏设置管道直径为 "150.0 mm"，偏移为"－1 150.0 mm"，对正为中心，如图 5.7-18 所示。

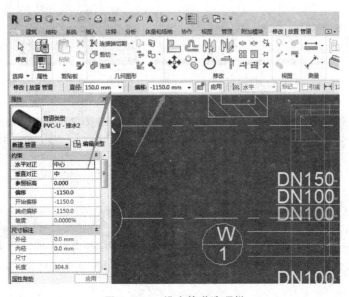

图 5.7-18　排水管道选项栏

移动鼠标到污水管1的位置，在水平污水管的左侧单击鼠标，如图5.7-19所示；移动鼠标到立管位置，再次单击鼠标，如图5.7-20所示。接着，移动鼠标到选项栏的"偏移"后，输入"20 000.0 mm"，单击"应用"按钮，如图5.7-21所示。完成后的排水管如图5.7-22所示。

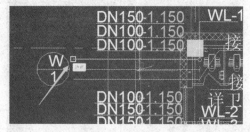

图 5.7-19　单击起点

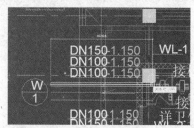

图 5.7-20　单击终点

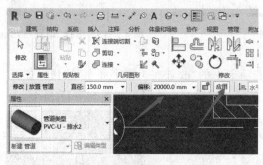

图 5.7-21　设置高程

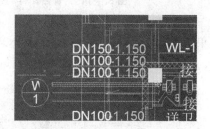

图 5.7-22　完成后的排水管

绘制蹲便器下的排水管道。单击"剖面"按钮，如图5.7-23所示。在蹲便器下方绘制剖面，如图5.7-24所示。转到剖面视图，单击选中蹲便器，如图5.7-25所示。单击蹲便器下部的存水弯图标，开始向下绘制100 mm长的管道，如图5.7-26所示。

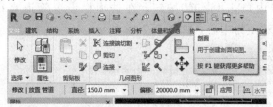

图 5.7-23　"剖面"按钮

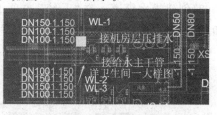

图 5.7-24　绘制剖面

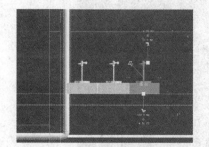

图 5.7-25　选中蹲便器

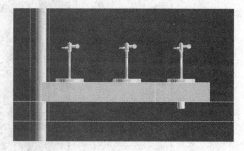

图 5.7-26　向下绘制 100 mm 管道

蹲便器下连接 P 型存水弯。首先选择"插入"→"载入族"命令，弹出"载入族"对话框，依次双击"机电"→"水管管件"→"GBT5836 PVC"→"U"→"承插"。选中 P 型存水弯，如图 5.7-27 所示，单击"打开"按钮载入到项目中。选择"系统"→"管件"命令，在"属性"面板中选择"P 型存水弯"，移动鼠标，在蹲便器下放置，如图 5.7-28 所示。

图 5.7-27　载入 P 型存水弯

在项目浏览器中双击楼层平面 0.000，在平面视图选中 P 型存水弯，如图 5.7-29 所示；旋转存水弯到需要的角度，再绘制水平管，完成的水平排水管如图 5.7-30 所示。

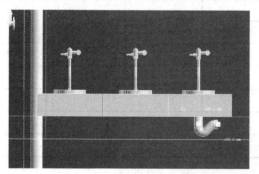

图 5.7-28　放置 P 型存水弯

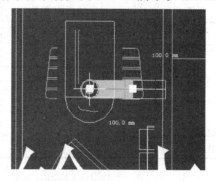

图 5.7-29　旋转 P 型存水弯

图 5.7-30　旋转管道后绘制水平排水管

放置清扫口。排水管道上的清扫口和阀门等的放置方法一致，在此不再赘述。

5.8　创建二～六层给水排水系统模型

请读者按照与创建一层给水排水系统模型相同的方法，创建二～六层给水排水系统模型。

任务总结

　　给水排水系统建模标高、轴线需要从结构模型复制，复制操作略显复杂。给水排水系统建模需要根据工程实际，分别建立自己的管道类型。必要时，需要自行建立部分设备和管件族。给水排水系统建模时，有时需要采用辅助剖面，这是需要重点了解的。

任务分组

给学生分配任务，并填写表 5-1。

表 5-1　学生任务分配表

班级			组号		指导教师	
组长			学号			
组员	姓名	学号	姓名	学号	姓名	学号
任务分工						

评价反馈

1. 学生进行自我评价，并将结果填入表 5-2 中。

表 5-2 学生自评表

班级		姓名		学号		
项目 5			给水排水工程模型创建			
评价项目		评价标准		分值		得分
模型完整性	管道系统	了解管道系统的概念，会创建管道系统		5		
	管道	了解管道的概念，会创建使用的管道类型		15		
	管件	了解弯头、三通、四通、接头等管件，会向管道中插入管件		10		
	管路附件	了解管路附件，会向管道中插入管路附件，会调整管路附件的方向		10		
	设备	会放置给水排水工程的设备		15		
构件属性定义	给水排水模型（管道、管路附件、设备）属性应符合图纸要求且无误	会根据设计图纸，给管道、管路附件、设备等设置属性，属性设置无误		5		
碰撞检查	给水排水构件与本专业构件不得重叠碰撞	创建的模型给水排水构件与本专业构件无重叠碰撞		5		
	给水排水构件与其他专业构件不得重叠碰撞	给水排水构件与其他专业构件无重叠碰撞		5		
工程量统计	按照模型进行工程量统计且命名正确。按照管道、管件、管路附件、设备等工程量统计表	工程量统计正确，命名正确。创建的管道、管件、管路附件、设备等工程量统计表正确		5		
	工作态度	态度端正，无无故缺勤、迟到、早退现象		5		
	工作质量	能按时完成工作任务		5		
	协调能力	与小组成员之间能合作交流、协调工作		5		
	职业素质	能做到保护环境，爱护公共设施		5		
	创新意识	具有创新意识，能创新建模		5		
合计				100		

2. 学生以小组为单位进行互评，并将结果填入表 5-3 中。

表 5-3　学生互评表

班级			小组			
任务			给水排水工程模型创建			
评价项目		分值	评价对象得分			
模型完整性	管道系统	5				
	管道	15				
	管件	10				
	管路附件	10				
	设备	15				
构件属性定义	给水排水模型(管道、管路附件、设备)属性应符合图纸要求且无误	5				
碰撞检查	给水排水构件与本专业构件不得重叠碰撞	5				
	给水排水构件与其他专业构件不得重叠碰撞	5				
工程量统计	按照模型进行工程量统计且命名正确。按照管道、管件、管路附件、设备等工程量统计表	5				
	工作态度	5				
	工作质量	5				
	协调能力	5				
	职业素质	5				
	创新意识	5				
	合计	100				

3. 教师对学生工作过程与结果进行评价，并将结果填入表 5-4 中。

表 5-4　教师综合评价表

班级		姓名		学号 ·			
项目 5			给水排水工程模型创建				
评价项目		评价标准			分值		得分
模型完整性	管道系统	了解管道系统的概念，会创建管道系统			5		
	管道	了解管道的概念，会创建使用的管道类型			15		
	管件	了解弯头、三通、四通、接头等管件，会向管道中插入管件			10		
	管路附件	了解管路附件，会向管道中插入管路附件，会调整管路附件的方向			10		
	设备	会放置给水排水工程的设备			15		
构件属性定义	给水排水模型（管道、管路附件、设备）属性应符合图纸要求且无误	会根据设计图纸，给管道、管路附件、设备等设置属性，属性设置无误			5		
碰撞检查	给水排水构件与本专业构件不得重叠碰撞	创建的模型给水排水构件与本专业构件无重叠碰撞			5		
	给水排水构件与其他专业构件不得重叠碰撞	给水排水构件与其他专业构件无重叠碰撞			5		
工程量统计	按照模型进行工程量统计且命名正确。按照管道、管件、管路附件、设备等工程量统计表	工程量统计正确，命名正确。创建的管道、管件、管路附件、设备等工程量统计表正确			5		
	工作态度	态度端正，无无故缺勤、迟到、早退现象			5		
	工作质量	能按时完成工作任务			5		
	协调能力	与小组成员之间能合作交流、协调工作			5		
	职业素质	能做到保护环境，爱护公共设施			5		
	创新意识	具有创新意识，能创新建模			5		
合计					100		
综合评价	自评(20%)	小组互评(30%)		教师评价(50%)		综合得分	

习　题

一、单项选择题

1. 给水排水施工图设计模型的关联信息不包括（　　）。

A. 构件之间的关联关系　　　　　　B. 模型与模型的关联关系

C. 模型与信息的关联关系　　　　　D. 模型与视图的关联关系

2. 在放置管路附件的时候，将管路附件布置到管道上的方法是（　　）。

A. 选中相关的管道

B. 单击放置管路附件按钮，选择放置的管路附件后，单击模型中的管道

C. 用参照线定位

D. 用模型线定位

3. 以下不属于 Revit 中管道系统的是（　　）。

A. 卫生设备　　　　B. 家用冷水　　　　C. 家用热水　　　　D. 氨水管道

4. 管道在平面视图中单线表示，需要更改（　　）。

A. 表面填充图案　　　　　　　　　　B. 着色

C. 详细程度　　　　　　　　　　　　D. 粗略比例填充样式

5. 下列选项中不属于给水排水图包含的内容是（　　）。

A. 消火栓系统平面图　B. 喷淋平面图　　　C. 檐口大样图　　　D. 系统图

6. 使用"管道"工具，并选择管道类型"标准"，则默认的管段最小尺寸为（　　）。

A. 6 mm　　　　　　B. 8 mm　　　　　　C. 20 mm　　　　　D. 5 mm

7. 在"修改｜放置 管道"选项卡"放置方向"面板中，下列不是选项卡上的内容是（　　）。

A. 自动连接　　　　B. 添加垂直　　　　C. 更改坡度　　　　D. 垂直于工作面

8. 在机房工程的管道综合排布中下面为最优先排布的是（　　）。

A. 通风管道　　　　B. 电气桥架　　　　C. 空调水管道　　　D. 喷淋管道

9. 关于建模 LOD200 的说法中，下列正确的是（　　）。

A. 有管道类型、管径、主管和支管标高

B. 按阀门的分类绘制

C. 仪表按实际项目中要求的参数绘制（出产厂家、型号、规格等）

D. 卫生器具体的类别形状及尺寸

10. 在机电专业中，主管网通常的表示颜色为（　　）。

A. 红色　　　　　　B. 黄色　　　　　　C. 橘色　　　　　　D. 紫色

二、多项选择题

1. 下列图元不属于系统族的有（　　）。

A. 管道　　　　　　B. 管件　　　　　　C. 卫浴装置　　　　D. 管路附件

2. 系统选项卡中，"卫浴和管道"面板下"管道"的水平对正有（　　）。

A. 中心　　　　　　B. 左　　　　　　　C. 右　　　　　　　D. 上

E. 下

3. 在管道"类型属性"对话框下的"布管系统配置"选项卡中，构件设置包含（　　）。

A. 三通　　　　　　B. 管段　　　　　　C. 连接　　　　　　D. 活接头

E. 过渡件

4. 在卫浴装置族中设置连接件系统分类，可以选择的类型有（　　）。

A. 干式消防系统　　B. 湿式消防系统　　C. 家用回水　　　　D. 通气管

E. 通水管

5. 以下包含在"系统"→"卫浴和管道"功能区的命令有（　　）。

A. 平行管道　　　　B. 转换为软管　　　C. 管路附件　　　　D. 卫浴装置

E. 预制零件

三、实操题

1. 设备族创建[2021年第二期"1+X"建筑信息模型(BIM)职业技能等级考试中级(建筑设备方向)实操试题]。

根据下表给出的尺寸创建同族多类型模型,并完成以下要求:

(1)使用"公制常规模型"族样板,创建"可调减压法兰盘"族模型,对下表中同列不同数据项,设置成在项目中插入此族时进行输入调整的族参数,并创建相应的族类型。

实操题 1 表

序号	DN	管子外径	法兰盘外圆	法兰盘厚度	螺孔与中心简介	螺孔直径
1	80	89	200	20	90	18
2	100	114	220	20	90	18
3	125	140	250	20	90	18

注:1. 表中数据单位均为 mm。
2. 此处减压孔直径取 DN 的 50%,螺孔均为 8 个均布。

(2)为该族设置正确的"管道连接件",族类别为"机械设备",命名为"可调减压法兰盘+考生姓名.rfa"保存到考生文件夹。

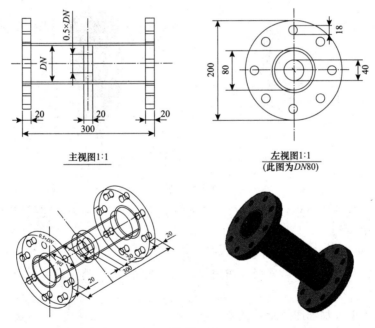

实操题 1 图

2. 设备族创建[2021年第三期"1+X"建筑信息模型(BIM)职业技能等级考试中级(建筑设备方向)实操试题]。

根据题目给出的图纸尺寸创建模型,并完成以下要求:

(1)使用"公制常规模型"族样板,按照如图所示尺寸建立"喷淋稳压罐"族。

(2)在罐体表面添加"喷淋稳压罐"标识。

(3)设置罐体材质为"红色油漆",并在视图中能正确显示红色。

(4)设置罐体总高度、罐体半径、底座高为可变尺寸参数。

(5)在管道连接处添加管道连接件，设置连接件半径为"50"。

(6)选择该族的族类别为"机械设备"，最后生成"喷淋稳压罐＋考生姓名.rfa"族文件保存到考生文件夹。

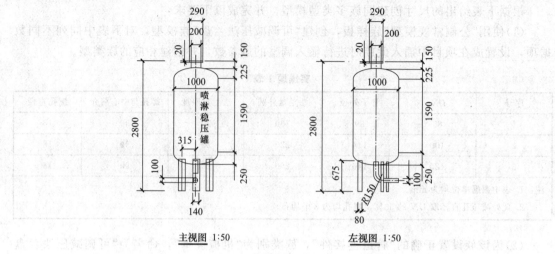

主视图 1:50   左视图 1:50

实操题 2 图

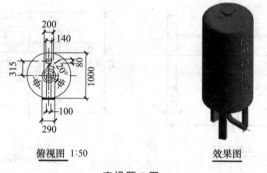

俯视图 1:50   效果图

实操题 2 图

3. 设备族创建[2020年第五期"1＋X"建筑信息模型(BIM)职业技能等级考试中级(建筑设备方向)实操试题]。

根据题目给出的图纸尺寸创建模型，并完成以下要求：

(1)使用"公制常规模型"族样板，按照如图所示尺寸建立"消火栓灭火器一体箱"族，未注明尺寸可自行定义。

(2)在箱盖表面添加如图所示的模型文字。

(3)设置箱盖中间面板材质为"玻璃"，箱盖边框材质为"不锈钢"。

(4)设置箱体总高度 H、总宽度 W、总厚度 E 为可变参数。

(5)在箱体左侧添加管道连接件，放置在如图所示高度。

(6)选择该族的族类别为"机械设备"，最后生成"消火栓灭火器一体箱＋考生姓名.rfa"族文件保存到本题文件夹。

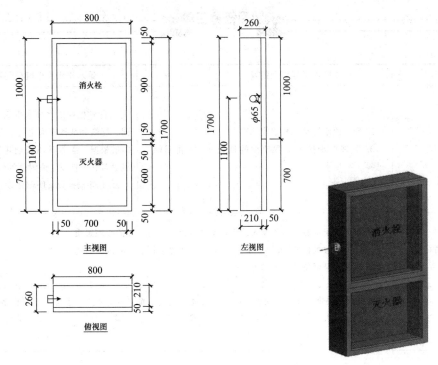

800

1000

1100

700

消火栓

灭火器

50

900

50

50

600

50

1700

50 700 50

主视图

260

φ65

1700

1100

700

1000

210 50

左视图

800

260

50 210

俯视图

实操题 3 图

项目	给水排水工程模型创建	任务	给水排水工程模型创建
知识目标	1. 理解给水排水工程建模标准。 2. 掌握给水排水工程模型的创建过程	技能目标	1. 能够根据给水排水平面图、系统图、建筑和结构模型建立标高及轴网，能够根据专业设计图纸创建管道、机械设备、管件及管道附件等构件。 2. 能够根据设备图创建设备模型
素质目标	1. 培养善于沟通、乐于助人的管理协调能力，具有良好的心理素质。 2. 具备精益求精的"大国工匠"精神，培养持之以恒、戒骄戒躁的优秀品质。 3. 培养终身可持续发展能力		
任务描述	根据业主提供的图纸，对"×××学院被动式超低能耗实验楼"给水排水施工图利用 Revit 2018 创建给水排水模型。在项目开工前，审查施工图纸，修正图纸中的错误，对做好施工前的准备工作很关键		
任务要求	1. 能够掌握 Revit MEP 样板文件及族文件的创建。 2. 在 Revit MEP 中掌握管道系统的创建。 3. 在 Revit MEP 中掌握管道的创建。 4. 在 Revit MEP 中掌握管件的创建。 5. 在 Revit MEP 中掌握管路附件的创建。 6. 在 Revit MEP 中掌握设备的创建		
任务实施	1. 将创建完成的给水排水模型进行轻量化，生成二维码，用"学生学号＋姓名"命名，将二维码上传至网络教学平台。 2. 同学们相互扫描二维码查看创建的给水排水模型。 3. 学生小组之间进行点评。 4. 教师通过学生创建的模型提出问题。 5. 学生积极讨论和回答老师提出的问题。 6. 教师总结。 7. 学生自我评价，小组打分，选出优秀作品进行 3D 打印		
作品提交	完成作品网上上传工作，要求： 1. 拍摄自己绘制的给水排水模型上传至教学平台。 2. 模型上面写上班级、姓名、学号		

项目 6　暖通空调建模

知识目标

1. 理解暖通空调工程建模标准。
2. 掌握暖通空调工程模型的创建过程。

技能目标

1. 能够根据暖通空调平面图、系统图、建筑和结构模型建立标高及轴网，能够根据专业设计图纸创建风管、机械设备、风管管件及风管管道附件等构件。
2. 能够根据设备图创建暖通空调设备模型。

素质目标

1. 增强"四个意识"。在 BIM 建模操作中，贯穿政治意识、大局意识、核心意识、看齐意识，把"四个意识"融入 BIM 建模行动之中。
2. 教学过程中严格按照相关 BIM 规范与 BIM 标准，建立 BIM 规范意识。
3. 把求真务实、艰苦奋斗、顽强拼搏的精神融入 BIM 课堂，培养严谨务实的 BIM 工作态度，争做忠于党、忠于国家、忠于人民的"大国工匠"。

任务描述

根据"×××学院被动式超低能耗实验楼"暖通空调图纸，采用 Revit 2018 创建暖通空调模型。在建模开工前，应阅读施工图纸，理解设计意图，掌握通风系统、采暖系统和空调水系统的主要设备位置及主要的管道走向，做好建模前的准备工作。

任务要求

1. 会处理 CAD 文件，掌握各系统的颜色表示。
2. 会创建暖通空调的项目文件。
3. 链接建筑和结构模型，复制标高和轴线。
4. 会创建风管、风管管件及风管附件。

6.1 CAD 图纸准备

打开通风空调的 CAD 平面图，显示如图 6.1-1 所示。这是因为参照的 CAD 建筑图位置发生了变化。我们可以重新找到参照位置，解决这个问题。单击"插入"选项卡的"外部参照"按钮，如图 6.1-2 所示。

图 6.1-1 CAD 平面图

图 6.1-2 "外部参照"按钮

在打开的"外部参照"面板中找到"保存路径"选项，并单击其后的"…"按钮，如图 6.1-3 所示。在弹出的"选择新路径"对话框中，浏览到参照所在位置，单击参照文件，再单击"打开"按钮，如图 6.1-4 所示。

图 6.1-3 参照对话框

图 6.1-4 "选择新路径"对话框

修改参照路径后的显示如图 6.1-5 所示。在图 6.1-5 所示的参照上单击鼠标右键，在弹出的快捷菜单上选择"绑定"命令，在弹出的"绑定外部参照"对话框中单击"确定"按钮，如图 6.1-6 所示。

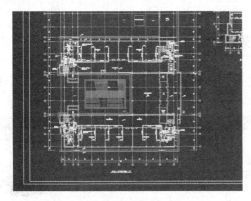

图 6.1-5　显示参照　　　　　　　　　　　图 6.1-6　"绑定外部参照"对话框

　　绑定后的参照是一个块，需要进行分解。单击"默认"选项板"修改"面板中的"分解"命令，如图 6.1-7 所示。然后在参照上单击鼠标左键，完成分解后的显示如图 6.1-8 所示。

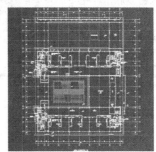

图 6.1-7　"分解"按钮　　　　　　　　　　图 6.1-8　完成分解

6.2　创建一层新风系统模型

6.2.1　新建机械项目，删除原来标高

　　启动 Revit 软件，单击"机械样板"按钮，如图 6.2-1 所示。在项目浏览器中展开"机械"→"HVAC"→"立面（建筑立面）"，双击"南－机械"选项，如图 6.2-2 所示。选中立面中的标高，如图 6.2-3 所示，按 Del 键将其删除。

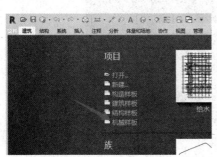

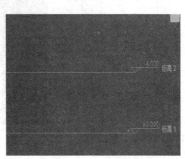

图 6.2-1　"机械样板"按钮　　　　图 6.2-2　项目浏览器　　　　图 6.2-3　选中标高

6.2.2 链接 Revit 结构，复制/监视标高和轴线

单击"插入"选项卡中的"链接 Revit"按钮，如图 6.2-4 所示。在弹出的"导入/链接 RVT"对话框中找到相应的结构模型，如图 6.2-5 所示，单击"打开"按钮。

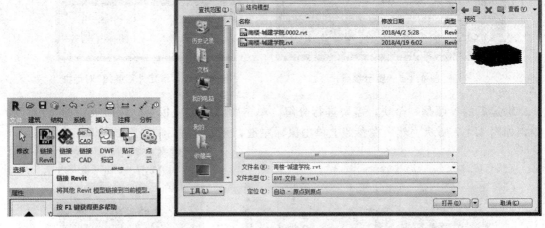

图 6.2-4 "链接 Revit"按钮　　　　　　　　图 6.2-5 "导入/链接 RVT"对话框

单击"协作"选项卡中的"复制/监视"按钮，在其下拉列表中选择"选择链接"选项，如图 6.2-6所示。在链接模型显示蓝色边框时单击鼠标左键，如图 6.2-7 所示。

微课：复制/监视标高轴网

图 6.2-6 "选择链接"选项

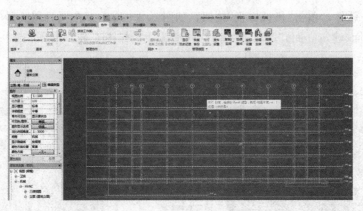

图 6.2-7 显示蓝框

在弹出的"复制/监视"选项卡中单击"复制"按钮，如图 6.2-8 所示。勾选选项栏中的"多个"选项，如图 6.2-9 所示。

图 6.2-8　"复制"按钮

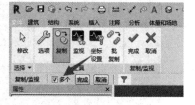

图 6.2-9　"多个"选项

在绘图区域选择全部链接模型，如图 6.2-10 所示。单击选项栏中的"过滤器"按钮，如图 6.2-11 所示。

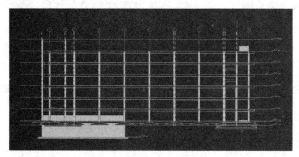

图 6.2-10　选择全部

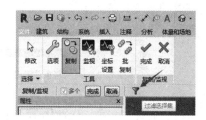

图 6.2-11　"过滤器"按钮

在弹出的"过滤器"对话框中，只留下"标高"和"轴网"，单击"确定"按钮，如图 6.2-12 所示。单击选项栏中的"完成"按钮，如图 6.2-13 所示。完成复制的标高和轴线如图 6.2-14 所示。

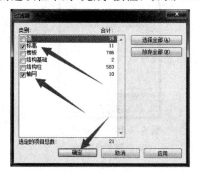

图 6.2-12　"过滤器"对话框

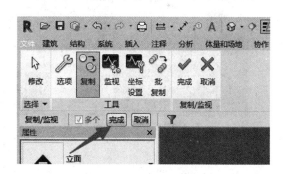

图 6.2-13　"完成"按钮

双击项目浏览器的"东－机械"，如图 6.2-15 所示。单击"复制/监视"选项卡上的"复制"按钮，如图 6.2-16 所示。勾选选项栏中的"多个"选项，选择东立面看到的轴网，再单击选项栏中的"完成"按钮，如图 6.2-17 所示。单击"复制/监视"选项卡上的"完成"按钮，这样就完成了标高轴网的复制。

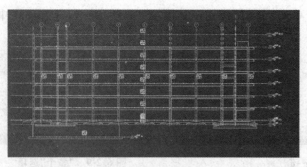

图 6.2-14 完成复制　　　　　　　　　　　图 6.2-15 东立面

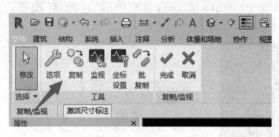

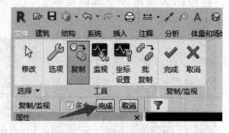

图 6.2-16 "复制"按钮　　　　　　　　　　图 6.2-17 "完成"按钮

　　单击"视图"选项卡中的"楼层平面"按钮,如图 6.2-18 所示。在弹出的"新建楼层平面"对话框中单击选中"0.000"后,再单击"确定"按钮,如图 6.2-19 所示。

图 6.2-18 "楼层平面"按钮　　　　图 6.2-19 "新建楼层平面"对话框

6.2.3　创建新风样式

　　在项目浏览器中展开"族"下的"风管系统",双击"送风"选项,如图 6.2-20 所示。在弹出的"类型属性"对话框中单击"材质"后的"…"按钮,如图 6.2-21 所示。在弹出的"材质浏览器"中新建"新风"材质,颜色为绿色,如图 6.2-22 所示。

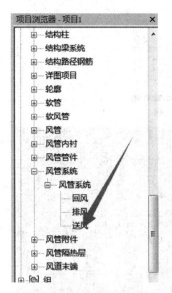

图 6.2-20　展开"族"节点

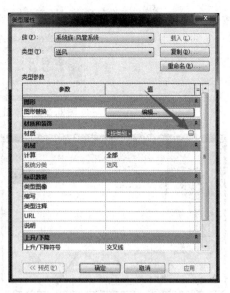

图 6.2-21　"类型属性"对话框

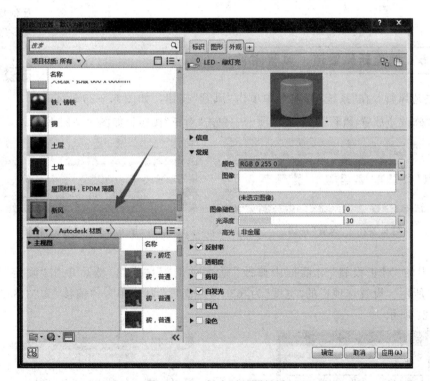

图 6.2-22　新建"新风"材质

6.2.4　链接新风 CAD 图纸

在"插入"选项卡中单击"链接 CAD"按钮，如图 6.2-23 所示。在弹出的"链接 CAD 格式"对话框中浏览到一层的通风 CAD 图，并对对话框按图 6.2-24 所示进行设置后，单击

"打开"按钮。链接 CAD 后的显示如图 6.2-25 所示。

图 6.2-23 "链接 CAD"按钮

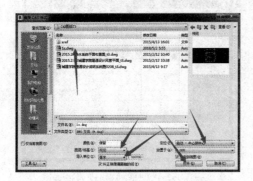

图 6.2-24 "链接 CAD 格式"对话框

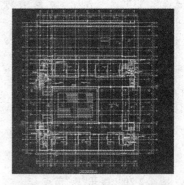

图 6.2-25 链接 CAD 后的显示

6.2.5 创建新风管道、风管附件

（1）创建风管。在"系统"选项卡中单击"风管"按钮，如图 6.2-26 所示。在激活的"修改│放置 风管"上下文选项卡中单击"对正"按钮，如图 6.2-27 所示。

图 6.2-26 "风管"按钮

图 6.2-27 "对正"按钮

在弹出的"对正设置"对话框中修改"垂直对正"为"底"，然后单击"确定"按钮，如图 6.2-28 所示。设置选项栏的"宽度"为"630"，"高度"为"250"，"偏移"为"2 850.0 mm"，如图 6.2-29 所示。

图 6.2-28 "对正设置"对话框

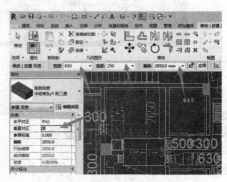

图 6.2-29 选项栏设置

在"属性"面板中单击"编辑类型"按钮，在弹出的"类型属性"对话框中单击"编辑"按钮，如图 6.2-30 所示。在弹出的"布管系统配置"对话框中，修改"弯头"为"矩形弯头－弧形－法兰：1.0 W"，然后单击"确定"按钮，如图 6.2-31 所示。

图 6.2-30 "编辑"按钮

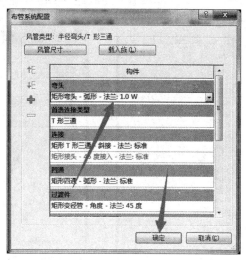

图 6.2-31 修改"弯头"设置

移动鼠标到送风管左侧并单击，如图 6.2-32 所示；移动鼠标到右侧弯头中心并单击，如图 6.2-33 所示；向上移动鼠标到向右的弯头中心并单击，如图 6.2-34 所示；向右移动鼠标到 630 mm×250 mm 风管右端并单击，如图 6.2-35 所示。按两次 Esc 键退出绘制状态，这样就完成了风管的绘制。如果风管与底图有偏差，可以使用"对齐"命令进行对齐。

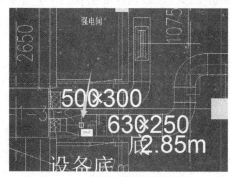

图 6.2-32 单击风管左侧起点

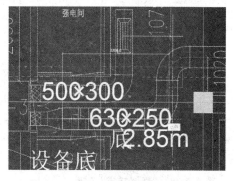

图 6.2-33 单击右侧弯头中心

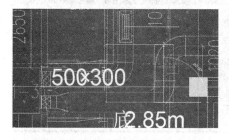

图 6.2-34 单击向右的弯头中心

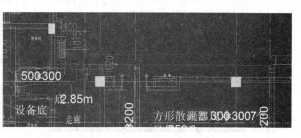

图 6.2-35 单击风管右端

（2）放置风管附件。本段风管的左端安装有消声器，但是绘制完成风管后，底图被遮挡了，下面将底图显示出来。在绘图区域的空白处单击鼠标，单击"属性"面板中的"机械平面"按钮，如图6.2-36所示。在弹出的"指定视图样板"对话框中单击左侧列表中的"无"，再单击"确定"按钮，关闭对话框，如图6.2-37所示。

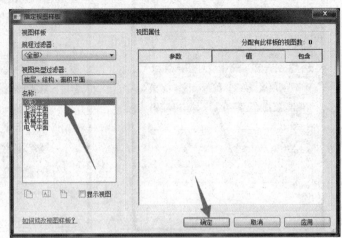

图6.2-36 "机械平面"按钮　　　　　　　图6.2-37 "指定视图样板"对话框

微课：风管
附件及风口

单击视图控制栏中的"视觉样式"按钮，如图6.2-38所示。在弹出的菜单中选择"线框"，此时可以看到被风管遮挡的底图已经显示出来了。

在"系统"选项卡中单击"风管附件"按钮，如图6.2-39所示。在"修改｜放置 风管附件"上下文选项卡中单击"载入族"按钮，如图6.2-40所示。在弹出的"载入族"对话框中依次双击"机电"→"风管附件"→"消声器"，单击选中"消声器－ZF阻抗复合式"，然后单击"打开"按钮，如图6.2-41所示。

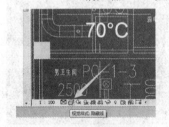

图6.2-38 "视图样式"按钮

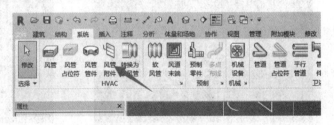

图6.2-39 "风管附件"按钮

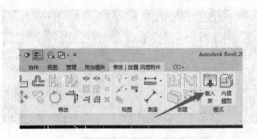

图6.2-40 "载入族"按钮

图6.2-41 "载入族"对话框

在弹出的"指定类型"对话框中找到"630×250"类型并在其上单击鼠标,再单击"确定"按钮,如图 6.2-42 所示。移动鼠标到风管中心线上,如图 6.2-43 所示;单击鼠标放置消声器,完成后如图 6.2-44 所示。完成后的三维显示如图 6.2-45 所示。

图 6.2-42　"指定类型"对话框　　　　　图 6.2-43　放置"消声器"

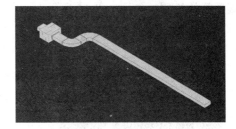

图 6.2-44　放置完成消声器　　　　　　图 6.2-45　三维视图

(3)放置风管管件。本段风管的右侧弯头不会自动生成,需要单独放置。在"系统"选项卡中单击"风管 管件"按钮,如图 6.2-46 所示。在"修改|放置 风管管件"上下文选项卡中单击"载入族"按钮,如图 6.2-47 所示。在弹出的"载入族"对话框中,依次双击"机电"→"风管管件"→"矩形"→"Y 形三通",单击选中"矩形 Y 形三通-弧形-法兰.rfa",再单击"打开"按钮,如图 6.2-48 所示。

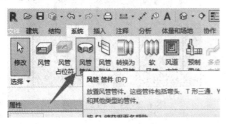

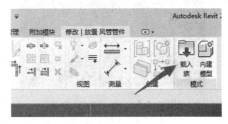

图 6.2-46　"风管管件"按钮　　　　　　图 6.2-47　"载入族"按钮

图 6.2-48　"载入族"对话框

移动鼠标到风管右侧端部，待中心线亮显后，如图 6.2-49 所示，单击鼠标放置三通。放置完成的三通如图 6.2-50 所示，现在可以看到三通的方向不正确，单击图 6.2-50 所示的"旋转"按钮，将三通的方向调整正确。再单击图 6.2-51 所示的"反转"按钮，将弯头方向调整正确。接着，单击图 6.2-52 所示的实例参数，修改为图纸设计的风管尺寸（注意，如果弯头右侧接有风管，则该尺寸不可调，需要将右侧自动连接的风管删除）。

单击鼠标选中三通，用键盘上的"→"键移动三通到合适位置，如图 6.2-53 所示。在右侧或者下端亮显的点上单击鼠标右键，如图 6.2-54 所示。在弹出的快捷菜单上选择"绘制风管"，开始右侧或者下端风管的绘制，如图 6.2-55 所示。

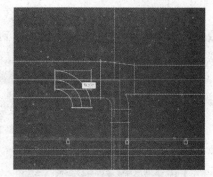

图 6.2-49　移动到风管中心线

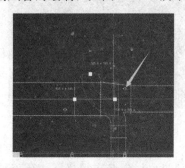

图 6.2-50　"旋转"按钮

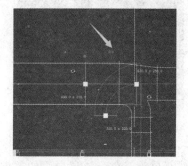

图 6.2-51　"反转"按钮

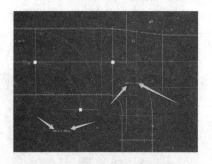

图 6.2-52　修改接口参数

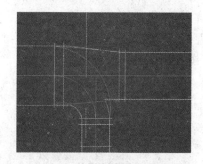

图 6.2-53　移动三通

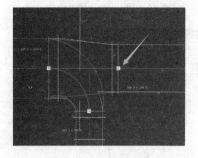

图 6.2-54　选择三通

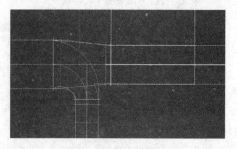

图 6.2-55　绘制风管

按上述操作完成其余风管的建模。

6.3　创建一层回风系统模型

回风系统建模和新风系统建模基本一致，都需要新建机械样板、删除原来标高、创建新风风管材质、链接 Revit 结构、复制/监视标高和轴线、链接回风系统 CAD 图纸、创建回风管道和风管附件。读者可以参考 6.2 节的相关内容进行建模。

6.4　排烟系统建模

由于系统中没有给定排烟系统，所以需要单独建立排烟系统。在项目浏览器中展开"族"→"风管系统"，在"排风"选项上单击鼠标右键，如图 6.4-1 所示，在弹出的快捷菜单上选择"复制"。在复制出的"排风 2"上再次单击鼠标右键，在弹出的快捷菜单上选择"重命名…"，如图 6.4-2 所示。修改"排风 2"为"排烟"，如图 6.4-3 所示。在"排烟"选项上双击鼠标，弹出如图 6.4-4 所示的"类型属性"对话框，在此对话框里进行材质设置。绘制排烟风管时，注意在属性栏选择"系统类型"为"排烟"，如图 6.4-5 所示。

排烟系统其他部分的建模和新风系统建模基本一致，都是需要新建机械样板、删除原来标高、链接 Revit 结构、复制/监视标高和轴线、链接回风 CAD 图纸、创建排烟管道和风管附件等。读者可以参考 6.2 节的相关内容进行建模。

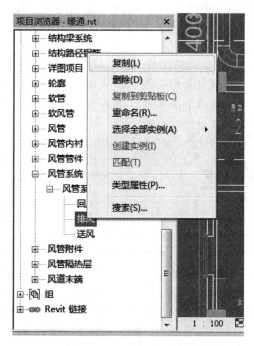

图 6.4-1　在"排风"上单击鼠标右键

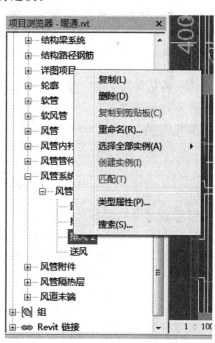

图 6.4-2　在"排风 2"上单击鼠标右键

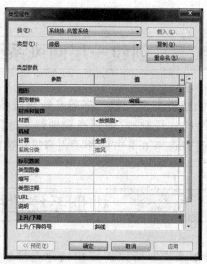

图 6.4-3 修改
后的风管系统

图 6.4-4 "类型属性"对话框

图 6.4-5 "系统类
型"为"排烟"

6.5 创建二～六层通风系统模型

请读者参照创建一层通风系统模型的方法，创建二～六层通风系统模型。

任务总结

通风空调系统建模前，标高、轴线需要从结构模型复制。通风空调系统建模需要根据工程实际，分别建立自己的风管系统并赋予风管材质。必要时，需要自行建立部分设备和风管管件族。通风空调系统建模时，有时需要采用辅助剖面。

任务分组

为学生分配任务，并填写表 6-1。

表 6-1 学生任务分配表

班级		组号		指导教师	
组长		学号			
组员	姓名	学号	姓名	学号	姓名	学号
任务分工						

1. 学生进行自我评价，并将结果填入表 6-2 中。

表 6-2 学生自评表

班级		姓名		学号	
项目 6		暖通空调建模			
评价项目		评价标准		分值	得分
模型完整性	风管系统	了解风管系统的概念，会创建风管系统		5	
	风管	了解风管的概念，会创建使用的风管类型		15	
	风管管件	了解风管弯头、风管三通、风管四通、风管接头等风管管件，会向管道插入管件		10	
	风管附件	了解风管附件，会向风管中插入风管附件，会调整风管附件的方向		10	
	暖通空调设备	会放置暖通空调设备		15	
构件属性定义	暖通空调模型（风管、风管附件、暖通空调设备）属性应符合图纸要求且无误	会根据设计图纸，给风管、风管附件、暖通空调设备等设置属性，属性设置无误		5	
碰撞检查	暖通空调构件与本专业构件不得重叠碰撞	创建的模型暖通空调构件与本专业构件无重叠碰撞		5	
	暖通空调构件与其他专业构件不得重叠碰撞	暖通空调构件与其他专业构件无重叠碰撞		5	
工程量统计	按照模型进行工程量统计且命名正确。按照风管、风管管件、风管附件、暖通空调设备等创建工程量统计表	工程量统计正确，命名正确。创建的风管、风管管件、风管附件、暖通空调设备等工程量统计表正确		5	
	工作态度	态度端正，无无故缺勤、迟到、早退现象		5	
	工作质量	能按时完成工作任务		5	
	协调能力	与小组成员之间能合作交流、协调工作		5	
	职业素质	能做到保护环境，爱护公共设施		5	
	创新意识	具有创新意识，能创新建模		5	
合计				100	

2. 学生以小组为单位进行互评，并将结果填入表 6-3 中。

表 6-3　学生互评表

班级				小组			
任务			暖通空调模型创建				
评价项目		分值	评价对象得分				
模型完整性	风管系统	5					
	风管	15					
	风管管件	10					
	风管附件	10					
	暖通空调设备	15					
构件属性定义	暖通空调模型(风管、风管附件、暖通空调设备)属性应符合图纸要求且无误	5					
碰撞检查	暖通空调构件与本专业构件不得重叠碰撞	5					
	暖通空调构件与其他专业构件不得重叠碰撞	5					
工程量统计	按照模型进行工程量统计且命名正确。按照风管、风管管件、风管附件、暖通空调设备等创建工程量统计表	5					
工作态度		5					
工作质量		5					
协调能力		5					
职业素质		5					
创新意识		5					
合计		100					

3. 教师对学生工作过程与结果进行评价，并将结果填入表 6-4 中。

表 6-4　教师综合评价表

班级			姓名		学号		
项目 6			暖通空调建模				
评价项目			评价标准			分值	得分
模型完整性		风管系统	了解风管系统的概念，会创建风管系统			5	
		风管	了解风管的概念，会创建使用的风管类型			15	
		风管管件	了解风管弯头、风管三通、风管四通、风管接头等风管管件，会向管道插入管件			10	
		风管附件	了解风管附件，会向风管中插入风管附件，会调整风管附件的方向			10	
		暖通空调设备	会放置暖通空调设备			15	
构件属性定义		暖通空调模型（风管、风管附件、暖通空调设备）属性应符合图纸要求且无误	会根据设计图纸，给风管、风管附件、暖通空调设备等设置属性，属性设置无误			5	
碰撞检查		暖通空调构件与本专业构件不得重叠碰撞	创建的模型暖通空调构件与本专业构件无重叠碰撞			5	
		暖通空调构件与其他专业构件不得重叠碰撞	暖通空调构件与其他专业构件无重叠碰撞			5	
工程量统计		按照模型进行工程量统计且命名正确。按照风管、风管管件、风管附件、暖通空调设备等创建工程量统计表	工程量统计正确，命名正确。创建的风管、风管管件、风管附件、暖通空调设备等工程量统计表正确			5	
工作态度			态度端正，无无故缺勤、迟到、早退现象			5	
工作质量			能按时完成工作任务			5	
协调能力			与小组成员之间能合作交流、协调工作			5	
职业素质			能做到保护环境，爱护公共设施			5	
创新意识			具有创新意识，能创新建模			5	
合计						100	
综合评价	自评(20%)		小组互评(30%)	教师评价(50%)		综合得分	

习　题

一、单项选择题

1. 暖通空调施工图设计模型的关联信息不包括（　　）。

A. 构件之间的关联关系　　　　　　　B. 模型与模型的关联关系

C. 模型与信息的关联关系　　　　　　D. 模型与视图的关联关系

2. 在放置风管附件时，放置后旋转风管附件的方法是（　　　）。

A. 使用"旋转"命令
B. 选中选项栏的"放置后旋转"
C. 旋转视图后放置
D. 放置后旋转视图

3. 以下不属于 Revit 中风管管件的是（　　　）。

A. 弯头　　　　　B. 三通　　　　　C. 堵头　　　　　D. 排烟阀

4. 风管仅在平面视图中着色，需要使用的方法是（　　　）。

A. 表面填充图案
B. 风管系统材质
C. 过滤器
D. 粗略比例填充样式

5. 下列选项中不属于暖通空调图包含的内容的是（　　　）。

A. 暖通平面图　　　B. 系统图　　　C. 基础详图　　　D. 机房布置图

6. 使用"风管"工具，并选择"半径弯头/Y 型三通"，则默认的"弯头"的半径乘数值为（　　　）。

A. 1、5　　　　　B. 1、0　　　　　C. 2、0　　　　　D. 2、5

7. 在"修改｜放置 风管"选项卡 "放置工具"面板中，下列不是面板上按钮的是（　　　）。

A. 对正　　　　　B. 自动连接　　　C. 继承大小　　　D. 旋转

8. 创建一个 400 mm 宽度的矩形风管，分别添加 30 mm 的隔热层和内衬，那么在平面图中测量的该风管最外侧的宽度为（　　　）mm。

A. 520　　　　　B. 460　　　　　C. 430　　　　　D. 400

9. 在 Revit 中执行"风管"命令，在该风管属性中将系统类型设置为回风，单击机械设备的送风端口创建风管，创建连接到设备端的风管的系统类型为（　　　）。

A. 回风　　　　　B. 送风　　　　　C. 回风、送风　　　D. 送风、回风

10. 以下说法正确的是（　　　）。

A. "风管"命令能绘制矩形刚性风管，软风管能绘制圆形和椭圆形软风管

B. "风管"命令能绘制矩形和圆形刚性风管，软风管能绘制圆形和椭圆形软风管

C. "风管"命令能绘制矩形、圆形和椭圆形刚性风管，软风管能绘制圆形和椭圆形软风管

D. "风管"命令能绘制矩形、圆形和椭圆形刚性风管，软风管能绘制圆形和矩形软风管

二、多项选择题

1. 下列图元不属于系统族的有（　　　）。

A. 风管　　　　　B. 风道末端　　　C. 风管管件　　　D. 风管附件

2. 排风格栅－矩形－排烟－板式－主体的"修改｜放置风口装置"选项卡中"放置"面板上的放置方式有（　　　）。

A. 放置在垂直面上
B. 放置在面上
C. 放置在工作平面上
D. 放置在风管上

3. BIM 在项目管理过程中能实现的功能有（　　　）。

A. 碰撞检查及设计优化
B. 四维施工模拟（可视化进度计划）
C. 成本管控
D. 主要材料管控

4. 在 Revit 创建椭圆形风管时，风管选项栏可以设置的参数有（　　　）。

A. 标高　　　　　B. 偏移　　　　　C. 直径　　　　　D. 宽度

E. 高度

5. 在风管"类型属性"对话框的"布管系统配置"中包含的构件设置有（　　　）。

A. 弯头   B. 活接头

C. 多形状过渡件矩形到圆形   D. 多形状过渡件圆形到矩形

E. 过渡件

6. 在风管设备族中设置连接件系统分类，可以选择的类型有（　　　）。

A. 送风   B. 回风   C. 新风   D. 管件

E. 各种通风

三、实操题

1. 根据题目给出的图纸尺寸创建模型，并完成以下要求[2021 年第六期"1＋X"建筑信息模型(BIM)职业技能等级考试中级(建筑设备方向)实操试题第一题]。

(1)按照如图所示尺寸建立"热交换器"模型，未注明尺寸可自行定义 。

(2)为模型添加材质参数，且将热交换器材质设置为"钢"。

(3)给热交换器添加管道连接 。

(4)该模型的类别选择为"机械设备"，将模型以"热交换器＋考生姓名"保存到考生文件夹。

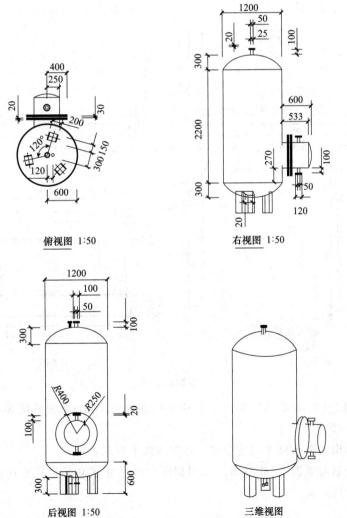

实操题 1 图

2. 设备族创建[2019年第二期"1+X"建筑信息模型(BIM)职业技能等级考试中级(建筑设备方向)实操试题]。

根据题目给出的图纸信息，运用公制常规模型族样板，创建组合式空调机组模型，最后将模型文件以"组合式空调机组+考生姓名.×××"保存到考生文件夹。

(1)根据图中标注尺寸创建模型，未标出的尺寸，考生自行定义。

(2)创建风管、水管连接件。风管、水管的连接件尺寸和类型根据图纸要求设置。

(3)将设备参数表中的信息添加到模型文件中。

实操题 2 表

空调机组参数	参数	单位
额定风量	10 000	m³/h
制冷量	64	kW
风机全压	2 000	Pa
电机功率	11	kW

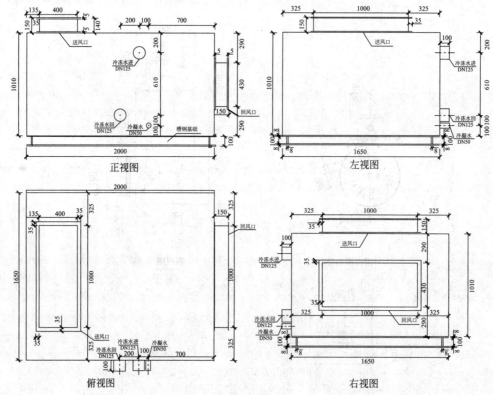

实操题 2 图

3. 设备族创建[2020年第三期"1+X"建筑信息模型(BIM)职业技能等级考试中级(建筑设备方向)实操试题]。

根据题目给出的图纸尺寸创建模型，并完成以下要求：

(1)使用"公制常规模型"族样板。按照如图所示尺寸建立落地式室内机并添加连接件，未注明尺寸可自行定义。

(2)将下列参数表中的信息添加到模型文件中。

(3)为该装置选择正确的族类别，最后生成"落地式室内机＋考生姓名.rfa"上传。

实操题 3 表

序号	室内机参数	数值	单位
1	额定制冷量	3 200	W
2	额定制热量	3 400	W
3	余压	30	Pa
4	风量	550	m^3/h
5	电机功率	50	W

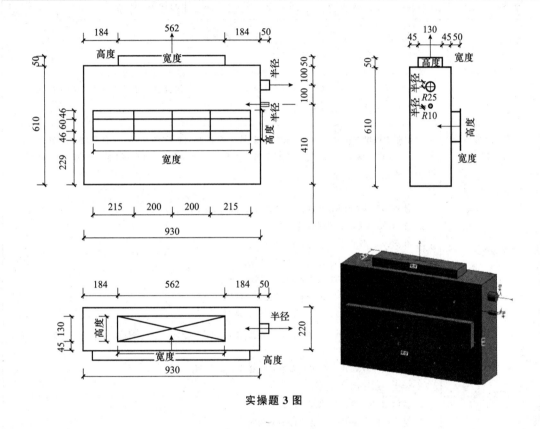

实操题 3 图

项目	暖通空调模型创建	任务	暖通空调模型创建
知识目标	1. 理解暖通空调建模标准； 2. 掌握暖通空调模型的创建过程	技能目标	1. 能够根据暖通空调平面图、系统图、建筑和结构模型建立标高及轴网，能够根据专业设计图纸创建风管、暖通空调设备、风管管件及风管附件等构件； 2. 能够根据设备图创建暖通空调设备模型
素质目标	1. 增强"四个意识"。在 BIM 建模操作中，贯穿政治意识、大局意识、核心意识、看齐意识，把"四个意识"融入 BIM 建模行动之中。 2. 教学过程中严格按照相关 BIM 规范与 BIM 标准，建立 BIM 规范意识。 3. 把求真务实、艰苦奋斗、顽强拼搏的精神融入 BIM 课堂，培养严谨务实的 BIM 工作态度，争做忠于党、忠于国家、忠于人民的"大国工匠"		
任务描述	根据业主提供的图纸，对"×××学院被动式超低能耗实验楼"暖通空调施工图利用 Revit MEP 2018 创建暖通空调模型。在项目开工前，审查施工图纸，修正图纸中的错误，对做好施工前的准备工作很关键		
任务要求	1. 能够掌握 Revit MEP 样板文件及族文件的创建。 2. 在 Revit MEP 中掌握风管系统的创建。 3. 在 Revit MEP 中掌握风管的创建。 4. 在 Revit MEP 中掌握风管管件的创建。 5. 在 Revit MEP 中掌握风管附件的创建。 6. 在 Revit MEP 中掌握暖通空调设备的创建		
任务实施	1. 将创建完成的暖通空调模型进行轻量化，生成二维码，用"学生学号＋姓名"命名，将二维码上传至网络教学平台。 2. 同学们相互扫描二维码查看创建的暖通空调模型。 3. 学生小组之间进行点评。 4. 教师通过学生创建的模型提出问题。 5. 学生积极讨论和回答老师提出的问题。 6. 教师总结。 7. 学生自我评价，小组打分，选出优秀作品进行 3D 打印		
作品提交	完成作品网上上传工作，要求： 1. 拍摄自己绘制的暖通空调模型上传至教学平台。 2. 模型上面写上班级、姓名、学号		

项目7 建筑电气建模

知识目标

1. 理解建筑电气建模标准。
2. 掌握建筑电气模型的创建过程。

技能目标

1. 能够根据建筑电气平面图、系统图、建筑和结构模型建立标高及轴网，能够根据专业设计图纸创建电缆桥架、线管、平行线管、电缆桥架配件、线管配件、电气设备、照明设备等构件。
2. 能够根据设备图创建电气设备、照明设备模型。

素质目标

1. 培养一定的文化及美学修养。
2. 培养良好的身体和心理素质、坚定的意志、吃苦耐劳的精神、健康的体魄，能适应未来艰苦的工作。
3. 培养"BIM＋数字化、BIM＋信息化、BIM＋物联网、BIM＋云计算"的多领域融合的意识。

------------------------- **任务描述** -------------------------

根据"×××学院被动式超低能耗实验楼"建筑电气图纸，采用 Revit 2018 创建建筑电气模型。在建模开始前，应阅读施工图纸，理解设计意图，掌握建筑电气系统的主要设备位置和主要的桥架及电管走向，做好建模前的准备工作。

------------------------- **任务要求** -------------------------

1. 能够处理 CAD 文件。
2. 能够创建建筑电气的项目文件。
3. 链接建筑和结构模型，复制标高和轴线。
4. 能够创建电缆桥架、配电箱、电线管。

7.1　CAD 图纸准备

北楼的电气图纸包括了一～六层的动力、照明、弱电和消防图纸，如图 7.1-1 所示。

参照 5.1 节和 6.1 节所述的方法，将电气平面图处理为每个文件只包含一张平面图备用。

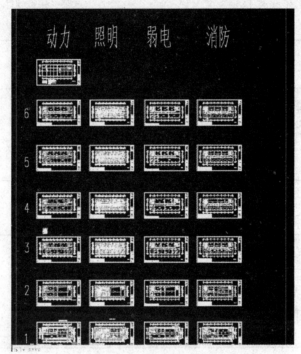

图 7.1-1　北楼电气图纸

7.2　一层电缆桥架建模

7.2.1　新建建筑电气项目文件

启动 Revit，在"项目"下，选择"打开…"选项，如图 7.2-1 所示。在弹出的"新建项目"对话框中单击"浏览（B）…"按钮，如图 7.2-2 所示。

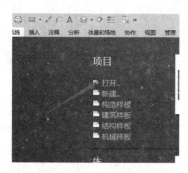

图 7.2-1 "打开"按钮

图 7.2-2 "新建项目"对话框

在弹出的"选择样板"对话框中单击选中"Electrical-DefaultCHSCHS.rte",再单击"打开"按钮,如图 7.2-3 所示。单击"新建项目"对话框中的"确定"按钮,关闭对话框,如图 7.2-4 所示。

图 7.2-3 "选择样板"对话框

图 7.2-4 "新建项目"对话框

新建的项目显示如图 7.2-5 所示。

图 7.2-5 启动后的 Revit 界面

7.2.2 链接 Revit 结构,复制标高轴网

在项目浏览器中依次展开"电气"→"电力"→"立面(建筑立面)",在"南一电气"上双击,如图 7.2-6 所示。在绘图区域选中标高 1 和标高 2,如图 7.2-7 所示,按 Del 键删除标高。在弹出的图 7.2-8 所示的对话框中单击"确定"按钮。

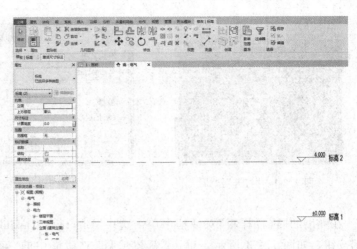

图 7.2-6　南立面　　　　　　　　　　图 7.2-7　选中标高

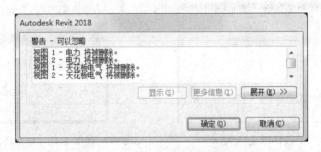

图 7.2-8　Revit 警告对话框

　　然后，链接"北楼.rvt"文件，复制其中的标高和轴网，操作方法同前述给水排水系统和暖通系统，在此不再赘述。

7.2.3　链接 CAD 文件

　　复制标高、轴网之后，在"插入"选项卡中单击"链接 CAD"按钮，如图 7.2-9 所示。在弹出的"链接 CAD 格式"对话框中，单击选中一层电力图，按图 7.2-10 所示进行设置，最后单击"打开"按钮。与轴网对齐后的链接图纸如图 7.2-11 所示。

图 7.2-9　"链接 CAD"按钮

图 7.2-10　"链接 CAD"对话框

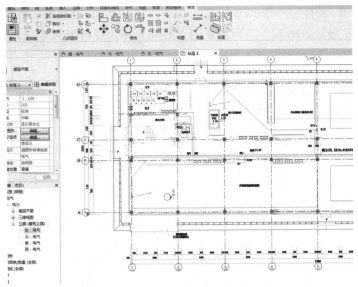

图 7.2-11　图纸链接完成后的 Revit 界面

7.2.4　创建桥架

单击"系统"选项卡中的"电缆桥架"按钮，如图 7.2-12 所示。按图 7.2-13 所示对桥架进行设置，然后在桥架的左端起点单击鼠标，如图 7.2-14 所示；向右移动鼠标，在桥架变高位置再次单击鼠标，如图 7.2-15 所示。

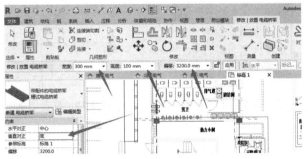

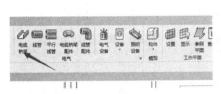

图 7.2-12　"电缆桥架"按钮

图 7.2-13　桥架设置

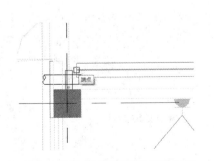

图 7.2-14　在桥架起始处单击

图 7.2-15　在桥架变高处单击

203

修改选项栏中的"偏移"为"7 000.0 mm"，如图7.2-16所示；继续向右移动鼠标，在桥架三通位置单击鼠标左键，如图7.2-17所示；向下移动鼠标，在桥架端点处单击鼠标左键，如图7.2-18所示。

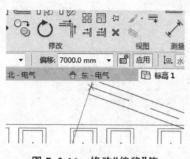

图7.2-16　修改"偏移"值

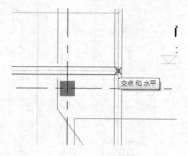

图7.2-17　在三通处单击鼠标

按两次Esc键退出绘制。单击选中桥架的弯头，如图7.2-19所示。在桥架弯头的上端"＋"上单击鼠标左键，弯头升级为三通，如图7.2-20所示。单击桥架的三通，在上部链接点处单击鼠标右键，在弹出的快捷菜单上选择"重复［电缆 桥架］(T)"命令，如图7.2-21所示。接着继续向上绘制电缆桥架，在上部端点处单击鼠标左键，如图7.2-22所示。然后，修改"偏移"为"2 000.0 mm"，并单击"应用"按钮，如图7.2-23所示。这样就完成了桥架的绘制，完成的桥架三维视图如图7.2-24所示。

图7.2-18　向下继续绘制

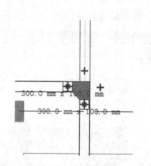

图7.2-19　单击选中弯头

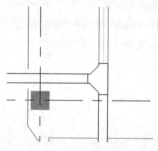

图7.2-20　弯头升级为三通

图7.2-21　快捷菜单

图7.2-22　继续向上绘制

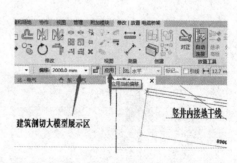

图7.2-23　修改"偏移"值并单击"应用"按钮

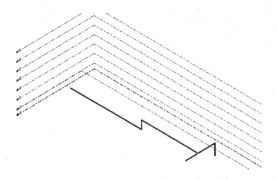

图 7.2-24　完成的桥架三维视图

采用相同方法完成其余桥架绘制。

<table>
<tr><td>**7.3**</td><td>**创建一层配电箱模型**</td></tr>
</table>

放置配电箱需要一个面，所以应先按图 7.3-1 所示在"系统"选项卡中单击"参照平面"按钮，在配电箱位置绘制参照平面，如图 7.3-2 所示。

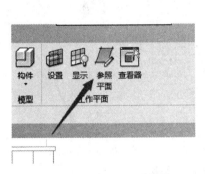

图 7.3-1　"参照平面"按钮　　　　**图 7.3-2　完成的参照平面**

单击"系统"选项卡中的"电气设备"按钮，如图 7.3-3 所示。在激活的"修改｜设置 设备"上下文选项卡中单击"载入族"按钮，如图 7.3-4 所示。弹出"载入族"对话框，如图 7.3-5 所示，在"查找范围"中按图 7.3-6 所示找到"动力箱－380V－壁挂式 . rfa"，如图 7.3-7 所示。单击"打开"按钮，在弹出的"指定类型"对话框中选择 PB608，再单击"确定"按钮，如图 7.3-8 所示。

微课：电器设备
及照明设备放置

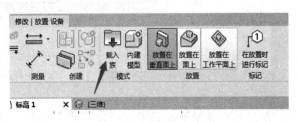

图 7.3-3　"电气设备"按钮　　　　**图 7.3-4　"载入族"按钮**

图 7.3-5 "载入族"对话框

图 7.3-6 浏览文件夹

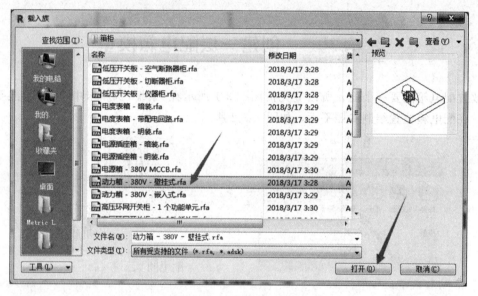

图 7.3-7 "载入族"对话框

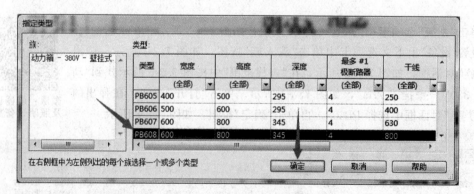

图 7.3-8 "指定类型"对话框

　　移动鼠标到参照平面附近,可以看到出现的配电箱,如图 7.3-9 所示。单击鼠标放置配电箱,如图 7.3-10 所示。

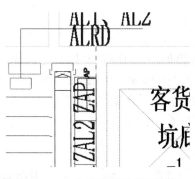

图 7.3-9　移动鼠标到参照平面

图 7.3-10　放置好的配电箱

7.4　创建一层线管模型

7.4.1　桥架引出的线管

单击"系统"选项卡中的"线管"按钮，如图 7.4-1 所示，设置线管的类型、对正、直径和偏移，如图 7.4-2 所示。

图 7.4-1　"线管"按钮

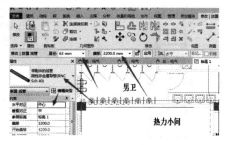

图 7.4-2　线管设置

移动鼠标，按底图上的线管进行绘制，如图 7.4-3 所示。完成的线管如图 7.4-4 所示。

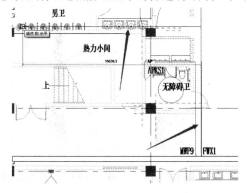

图 7.4-3　在平面视图上绘制线管

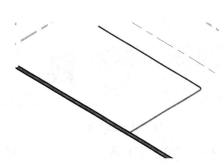

图 7.4-4　线管三维视图

7.4.2 配电箱引出的线管

单击选中配电箱，如图 7.4-5 所示。在配电箱的中心连接点上单击鼠标右键，在弹出的快捷菜单上选择"从面绘制线管"，如图 7.4-6 所示。在出现的如图 7.4-7 所示的平面上，单击鼠标按住表示线管位置的圆，拖动其到合适的位置，再单击"完成连接"按钮，如图 7.4-8 所示。继续在平面上绘制线管，如图 7.4-9 所示。完成连接的线管如图 7.4-10 所示。

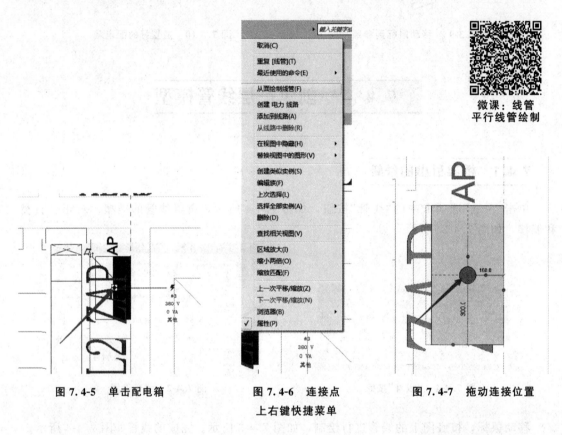

微课：线管
平行线管绘制

图 7.4-5　单击配电箱

图 7.4-6　连接点
上右键快捷菜单

图 7.4-7　拖动连接位置

图 7.4-8　"完成连接"按钮

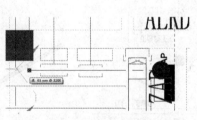

图 7.4-9　继续绘制线管

图 7.4-10　完成连接的线管

7.5   创建一层电器模型

7.5.1   照明灯具和报警器的创建

照明灯具和报警器等都有自己的设计平面图，建模前应卸载其他 CAD 图纸。单击"插入"选项卡中的"管理链接"按钮，如图 7.5-1 所示。在弹出的"管理链接"对话框"CAD 格式"选项卡中单击选中"1cdl.dwg"，再单击"卸载"按钮，最后单击"确定"按钮，如图 7.5-2 所示。

图 7.5-1 "管理链接"按钮

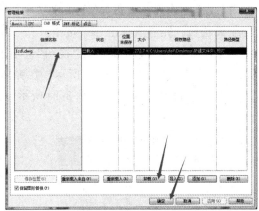

图 7.5-2 "管理链接"对话框

重新链接照明平面图，如图 7.5-3 及图 7.5-4 所示。

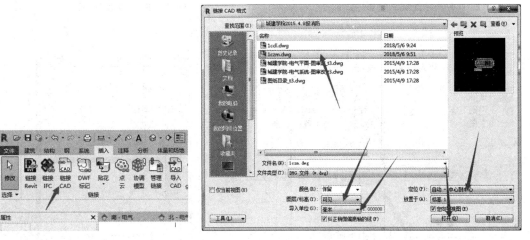

图 7.5-3 "链接 CAD"按钮

图 7.5-4 "链接 CAD 格式"对话框

因灯具等都有一个安装平面，故需要借用天花板。单击"建筑"选项卡中的"天花板"按钮，如图 7.5-5 所示。在"属性"面板中设置天花板，如图 7.5-6 所示。在"修改│设置 天花板"上下文选项卡中单击"绘制天花板"按钮，如图 7.5-7 所示。

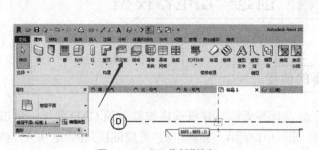

图 7.5-5 "天花板"按钮　　　　　　　　　　　图 7.5-6 "属性"面板设置

在"修改丨创建天花板边界"上下文选项卡中单击"直线"按钮，如图 7.5-8 所示，在平面上绘制天花板，完成后单击"✔"按钮。

接着创建天花板投影平面。在"视图"选项卡中单击"平面视图"按钮，在下拉列表中选择"天花板投影平面"，如图 7.5-9 所示。在弹出的"新建天花板平面"对话框中单击选中"标高 1"，再单击"确定"按钮，如图 7.5-10 所示。此时，标高 1 的天花板投影平面被打开，如图 7.5-11 所示。

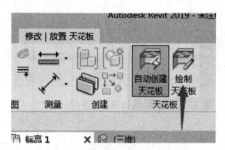

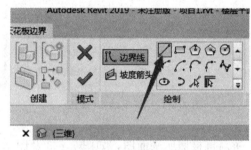

图 7.5-7 "绘制天花板"按钮　　　　　　　　　图 7.5-8 "直线"按钮

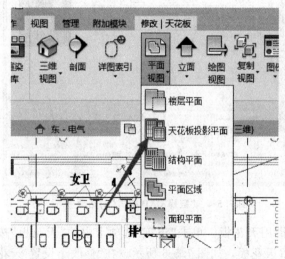

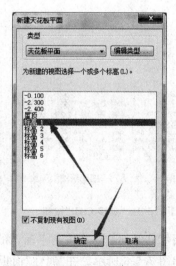

图 7.5-9 "天花板投影平面"按钮　　　　　　　图 7.5-10 "新建天花板平面"对话框

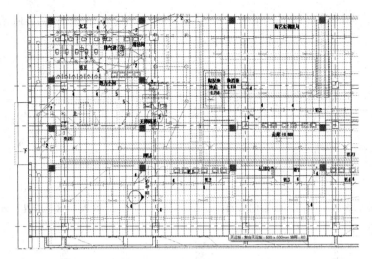

图 7.5-11　"天花板投影平面"视图

单击"系统"选项卡中的"照明设备"按钮，如图 7.5-12 所示。在激活的"修改｜设置 设备"上下文选项卡中单击"载入族"按钮，如图 7.5-13 所示。按图 7.5-14 所示，打开如图 7.5-15所示的"双管悬挂式灯具－T5"。单击"修改｜放置 设备"上下文选项卡中的"放置在面上"按钮，如图 7.5-16 所示。

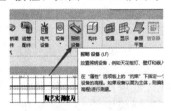

图 7.5-12　"照明设备"按钮

图 7.5-13　"载入族"按钮

图 7.5-14　文件夹导航

图 7.5-15　"载入族"对话框

图 7.5-16　"放置在面上"按钮

移动鼠标，在底图灯具位置单击鼠标左键，放置灯具，如图 7.5-17 所示。完成灯具的三维视图如图 7.5-18 所示，灯具立面如图 7.5-19 所示。

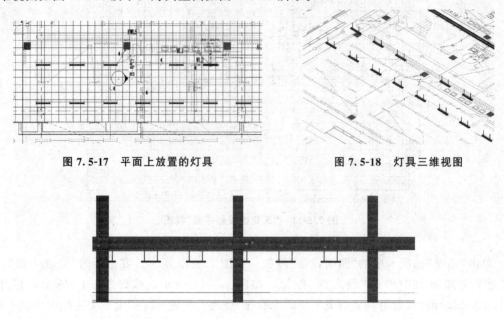

图 7.5-17　平面上放置的灯具　　　　　图 7.5-18　灯具三维视图

图 7.5-19　灯具立面

7.5.2　开关插座等的创建

开关插座是基于面的模型，建模前需要绘制参照平面或链接建筑、结构模型。绘制完成参照平面的开关放置位置如图 7.5-20 所示。单击"系统"选项板中的"设备"按钮，在下拉菜单中选择"照明"选项，如图 7.5-21 所示。按图 7.5-22 所示进行设置照明开关参数；确定"放置在垂直面上"按钮被按下，如图 7.5-23 所示。移动鼠标到放置点后单击鼠标左键，放置一个开关，如图 7.5-24 所示。完成的三维视图如图 7.5-25 所示。

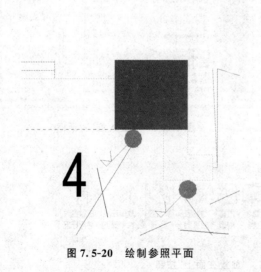

图 7.5-20　绘制参照平面　　　　　　　　图 7.5-21　"照明"选项

图 7.5-22　"照明开关"参数设置

图 7.5-23　"放置在垂直面上"按钮

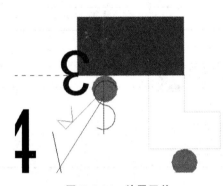

图 7.5-24　放置开关

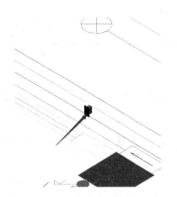

图 7.5-25　放置完成后的开关

各类插座的放置和开关一样，在此不再赘述。

7.6　创建二～六层电气系统模型

请读者参照创建一层电气系统模型的方法，创建二～六层电气系统模型。

任务总结

　　电气系统建模前，标高、轴线需要从结构模型复制。电气系统建模需要根据工程实际建立桥架、配电箱、管道和用电设备，必要时，需要自行建立部分设备族。电气系统建模时，有时需要采用辅助剖面。

为学生分配任务，并填写表7-1。

表7-1　学生任务分配表

班级		组号		指导教师	
组长		学号			
组员	姓名	学号	姓名	学号	姓名	学号
任务分工						

1. 学生进行自我评价，并将结果填入表7-2中。

表7-2　学生自评表

班级		姓名		学号	
项目7		建筑电气建模			
评价项目		评价标准		分值	得分
模型完整性	电缆桥架	了解电缆桥架的概念，能够创建电缆桥架		5	
	线管、平行线管	了解线管、平行线管的概念，能够创建使用的线管、平行线管类型		15	
	电缆桥架配件	了解电缆桥架弯通、电缆桥架三通、电缆桥架四通等电缆桥架配件，能够向电缆桥架插入配件		10	
	线管配件	了解线管配件，能够向线管中插入线管配件		10	
	电气设备、照明设备	能够放置电气设备、照明设备		15	
构件属性定义	建筑电气模型（电缆桥架、线管、电气设备、照明设备）属性应符合图纸要求且无误	能够根据设计图纸，给电缆桥架、线管、电气设备、照明设备等设置属性，属性设置无误		5	
碰撞检查	建筑电气构件与本专业构件不得重叠碰撞	创建的模型建筑电气构件与本专业构件无重叠碰撞		5	
	建筑电气构件与其他专业构件不得重叠碰撞	建筑电气构件与其他专业构件无重叠碰撞		5	

评价项目		评价标准	分值	得分
工程量统计	按照模型进行工程量统计且命名正确。按照电缆桥架、线管、电气设备、照明设备等创建工程量统计表	工程量统计正确，命名正确。创建的电缆桥架、线管、电气设备、照明设备等工程量统计表正确	5	
工作态度		态度端正，无无故缺勤、迟到、早退现象	5	
工作质量		能按时完成工作任务	5	
协调能力		与小组成员之间能合作交流、协调工作	5	
职业素质		能做到保护环境，爱护公共设施	5	
创新意识		具有创新意识，能创新建模	5	
合计			100	

2. 学生以小组为单位进行互评，并将结果填入表 7-3 中。

表 7-3　学生互评表

班级				小组			
任务		建筑电气建模					
评价项目		分值	评价对象得分				
模型完整性	电缆桥架	5					
	线管、平行线管	15					
	电缆桥架配件	10					
	线管配件	10					
	电气设备、照明设备	15					
构件属性定义	建筑电气模型（电缆桥架、线管、电气设备、照明设备）属性应符合图纸要求且无误	5					
碰撞检查	建筑电气构件与本专业构件不得重叠碰撞	5					
	建筑电气构件与其他专业构件不得重叠碰撞	5					
工程量统计	按照模型进行工程量统计且命名正确。按照电缆桥架、线管、电气设备、照明设备等创建工程量统计表	5					
工作态度		5					
工作质量		5					
协调能力		5					
职业素质		5					
创新意识		5					
合计		100					

3. 教师对学生工作过程与结果进行评价，并将结果填入表7-4中。

表7-4　教师综合评价表

班级		姓名		学号		
项目7			建筑电气建模			
评价项目		评价标准			分值	得分
模型完整性	电缆桥架	了解电缆桥架的概念，能够创建电缆桥架			5	
	线管、平行线管	了解线管、平行线管的概念，能够创建使用的线管、平行线管类型			15	
	电缆桥架配件	了解电缆桥架弯通、电缆桥架三通、电缆桥架四通等电缆桥架配件，能够向电缆桥架插入配件			10	
	线管配件	了解线管配件，能够向线管中插入线管配件			10	
	电气设备、照明设备	能够放置电气设备、照明设备			15	
构件属性定义	建筑电气模型（电缆桥架、线管、电气设备、照明设备）属性应符合图纸要求且无误	能够根据设计图纸，给电缆桥架、线管、电气设备、照明设备等设置属性，属性设置无误			5	
碰撞检查	建筑电气构件与本专业构件不得重叠碰撞	创建的模型建筑电气构件与本专业构件无重叠碰撞			5	
	建筑电气构件与其他专业构件不得重叠碰撞	建筑电气构件与其他专业构件无重叠碰撞			5	
工程量统计	按照模型进行工程量统计且命名正确。按照电缆桥架、线管、电气设备、照明设备等创建工程量统计表	工程量统计正确，命名正确。创建的电缆桥架、线管、电气设备、照明设备等工程量统计表正确			5	
	工作态度	态度端正，无无故缺勤、迟到、早退现象			5	
	工作质量	能按时完成工作任务			5	
	协调能力	与小组成员之间能合作交流、协调工作			5	
	职业素质	能做到保护环境，爱护公共设施			5	
	创新意识	具有创新意识，能创新建模			5	
		合计			100	
综合评价	自评(20%)	小组互评(30%)	教师评价(50%)		综合得分	

一、单项选择题

1. 建筑电气施工图设计模型的关联信息不包括( )。

A. 构件之间的关联关系　　　　　　　　B. 模型与模型的关联关系

C. 模型与信息的关联关系　　　　　　　D. 模型与视图的关联关系

2. 在放置水平三通的时候，将水平三通插入桥架中间的方法是( )。

A. 选中桥架

B. 在需要插入水平三通的桥架位置上单击

C. 在需要插入水平三通的桥架位置上单击鼠标右键

D. 用模型线定位

3. 以下不属于 Revit 中线管放置工具面板按钮的是( )。

A. 对正　　　　　　B. 自动连接　　　　　C. 继承高程　　　　　D. 平行线管

4. 桥架仅在三维视图中表面涂红，需要使用的方法是( )。

A. 表面填充图案　　　　　　　　　　　B. 着色

C. 过滤器　　　　　　　　　　　　　　D. 粗略比例填充样式

5. 下列选项中不属于建筑电气图包含的内容的是( )。

A. 动力平面图　　　B. 照明平面图　　　C. 工艺图　　　　　D. 系统图

6. 使用"线管"工具，并选择"刚性非金属导管(RNC、Sch40)"，则默认的"交叉线"值为( )。

A. 导管接线盒－T 形三通－PVC：标准　　B. 导管接线盒－四通－PVC：标准

C. 导管接线盒－过渡件－PVC：标准　　　D. 导管弯头－无配件－PVC：标准

7. 在"修改│放置 平行线管"选项卡"平行线管"面板中，下列不是面板内容的是( )。

A. 相同弯曲半径　　　　　　　　　　　B. 同心弯曲半径

C. 水平偏移　　　　　　　　　　　　　D. 放置在工作平面上

8. 以下不包含在"系统"→"电气"功能区的命令是( )。

A. 电缆桥架　　　　B. 线管　　　　　　C. 桥架配件　　　　D. 线管配件

9. 在标高为 3 000 mm 的天花板为主体创建一个照明灯，该照明灯"属性"栏中"偏移"量为 500 mm，那么该灯高度实际为( )。

A. 3 000 mm　　　　B. 3 500 mm　　　　C. 2 500 mm　　　　D. 500 mm

10. 在设置电缆桥架配件时，按( )键可以循环切换插入点。

A. Alt　　　　　　　B. Ctrl　　　　　　C. Space　　　　　　D. Tab

二、多项选择题

1. 下列图元不属于系统族的有( )。

A. 线管　　　　　　B. 线管配件　　　　C. 桥架　　　　　　D. 电缆桥架配件

2. 放置"照明设备"时，"修改│放置 设备"选项卡中"放置"面板上"梁"的放置方式有( )。

A. 放置在楼板上　　　　　　　　　　　B. 放置在面上

C. 放置在墙上　　　　　　　　　　　　D. 放置在工作平面上

3. 在系统浏览器列设置中,以下可以在电气列中勾选显示的有( )。

A. 系统类型　　　　　B. 尺寸　　　　　　　C. 配电系统　　　　　D. 长度

E. 系统名称

4. 选中某电缆桥架,单击"修改丨放置电缆桥架"→"放置工具"→"对正"按钮,在弹出的"对正设置"对话框中可以设置的( )。

A. 水平对正　　　　　B. 水平偏移　　　　　C. 垂直对正　　　　　D. 垂直偏移

E. 中心对正

5. 在电气装置族中设置电气连接件系统分类,可以选择的类型有( )。

A. 照明　　　　　　　B. 火警　　　　　　　C. 安全　　　　　　　D. 电话

E. 数据

三、实操题

1. 设备族创建[2019年第一期"1＋X"建筑信息模型(BIM)职业技能等级考试中级(建筑设备方向)实操试题]。

根据题目给出的图纸尺寸创建模型,并完成以下要求:

(1)使用"基于墙的公制常规模型"族样板,按照如图所示尺寸建立照明配电箱。

(2)在箱盖表面添加如图所示的模型文字和模型线。

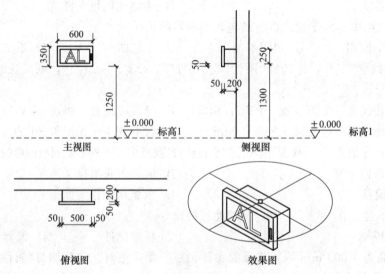

实操题1图

(3)设置配电箱宽度、高度、深度和安装高度为可变参数。

(4)添加电气连接件,放置在箱体上部平面中心。

(5)按下表为配电箱添加族实例参数。

实操题1表

序号	参数名称	分组方式
1	箱柜编号	标识数据
2	材质	材质和装饰
3	负荷分类	电气

（6）选择该配电箱的族类别为"电气设备"，最后生成"照明配电箱＋考生姓名.rfa"族文件保存到考生文件夹。

2. 模型综合应用［2020年第五期"1＋X"建筑信息模型（BIM）职业技能等级考试中级（建筑设备方向）实操试题］。

有关说明和给出的图纸如下：

A. 建筑物为单层砖混结构，净高为4.0 m，顶层楼板为现浇，厚度为150 mm；建筑物室内外高差0.3 m，地面场地已绘制，厚为1 500 mm。

B. 电缆穿管埋地入户，室外管道埋深为0.7 m。照明线路全部穿管暗敷BV2.5，穿线管均为PC20，其余穿线管规格及敷设方式按系统图。

C. 动力配电箱AP，为厂家非标定制成品，尺寸为800 mm（高）×600 mm（宽）×200 mm（深），嵌入式安装，底边安装高度距地面1.5 m。

D. 轴流风机电线接墙壁安装的三相插座，电机接线盒距地2.5 m（此处风机不绘制，只要求绘制出接线用的插座）。

操作要求如下：

（1）根据以上说明和图纸图示，创建机电模型，在提供的房屋模型中绘制电气线管图形。

（2）设置照明线管为红色管线，并用红色实体填充。

（3）输出管线明细表，生成Excel文件，文件名为"管线明细表＋考生姓名.xlsx"，要求字段包括类型、直径、长度，按类型排序，并按类型、直径设置成组，对长度计算总数并合计。

（4）请利用"基于线的公制常规模型"创建"电缆沟800×500"族，然后在项目的室外相应位置处绘制电缆沟，沟的截面数据为深800 mm、宽500 mm。

（5）创建相应图纸：

A. 对配电箱和门口处的插座分别创建剖面图，比例分别为1：50和1：20，并调整其显示区域，要求大小适当。

B. 创建"机电平面布置（风机只绘出接线用的插座）图"，使用大小适度的图框，图框内添加项目名称，出图日期设置为"2020－12－20"，图名为"动力照明平面图"，比例1：100。最终成果以"照明动力模型＋考生姓名.rvt"保存到本题文件夹。

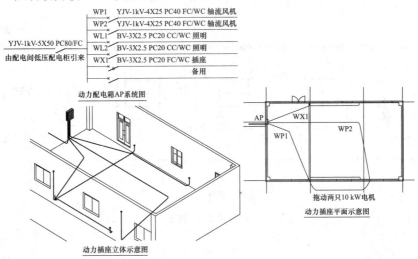

实操题 2 图

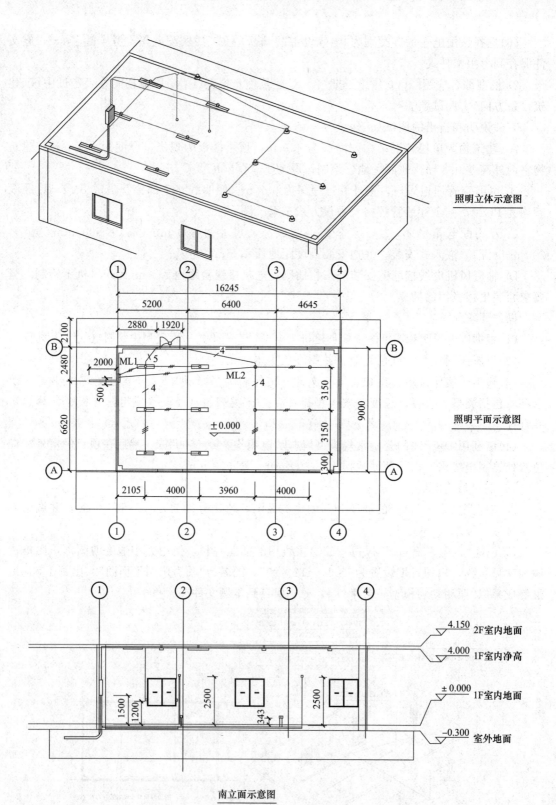

照明立体示意图

照明平面示意图

南立面示意图

实操题 2 图(续)

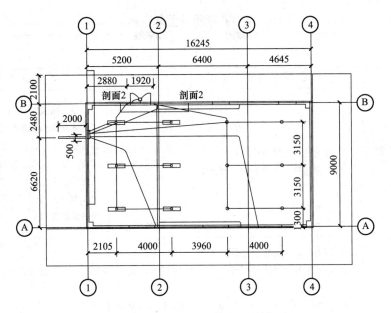

机电平面布置(风机只绘出接线用的插座)图

实操题 2 图(续)

项目	建筑电气建模	任务	建筑电气建模
知识目标	1. 理解建筑电气建模标准。 2. 掌握建筑电气模型的创建过程	技能目标	1. 能够根据建筑电气平面图、系统图、建筑和结构模型建立标高及轴网，能够根据专业设计图纸创建电缆桥架、线管、平行线管、电缆桥架配件、线管配件、电气设备、照明设备等构件。 2. 能够根据设备图创建电气设备、照明设备模型
素质目标	1. 培养一定的文化及美学修养。 2. 培养良好的身体和心理素质、坚定的意志、吃苦耐劳的精神、健康的体魄，能适应未来艰苦的工作。 3. 培养"BIM＋数字化、BIM＋信息化、BIM＋物联网、BIM＋云计算"的多领域融合的意识		
任务描述	根据业主提供的图纸，对"×××学院被动式超低能耗实验楼"建筑电气施工图利用 Revit MEP 2018 创建建筑电气模型。在项目开工前，审查施工图纸，修正图纸中的错误，对做好施工前的准备工作很关键		
任务要求	1. 能够掌握 Revit MEP 样板文件及族文件的创建。 2. 在 Revit MEP 中掌握建筑电气系统的创建。 3. 在 Revit MEP 中掌握建筑电气的创建。 4. 在 Revit MEP 中掌握建筑电气管件的创建。 5. 在 Revit MEP 中掌握建筑电气附件的创建。 6. 在 Revit MEP 中掌握建筑电气设备的创建		
任务实施	1. 将创建完成的建筑电气模型进行轻量化，生成二维码，用"学生学号＋姓名"命名，将二维码上传至网络教学平台。 2. 同学们相互扫描二维码查看创建的建筑电气模型。 3. 学生小组之间进行点评。 4. 教师通过学生创建的模型提出问题。 5. 学生积极讨论和回答老师提出的问题。 6. 教师总结。 7. 学生自我评价，小组打分，选出优秀进行 3D 打印		
作品提交	完成作品网上上传工作，要求： 1. 拍摄自己绘制的建筑电气模型上传至教学平台。 2. 模型上面写上班级、姓名、学号		

项目 8　BIM 成果输出

知识目标

1. 理解 BIM 图纸的平面设计。
2. 掌握各种明细表的创建和导出。
3. 掌握应用 Revit 软件进行渲染和漫游的设计。

技能目标

1. 会用 Revit 软件创建图纸，在图纸中添加视图，并能将图纸导出为 CAD 格式。
2. 能够利用 Revit 软件对模型进行渲染和漫游设计。

素质目标

1. 具备独立分析和解决问题的综合能力。
2. 具备制订、实施工作计划的能力。
3. 培养勇于放弃小我，将个人价值奉献给国家建设的精神觉悟；培养爱国奋斗、博爱互助的家国情怀。

任务描述

对采用 Revit 软件建好的"×××学院被动式超低能耗实验楼"模型进行出图和布局，同时作出明细表及进行渲染和漫游动画的设置。

任务要求

1. 能够用 Revit 软件进行平面设计。
2. 会利用明细表进行工程量统计。
3. 能够应用 Revit 软件进行渲染和漫游动画的设置。

任务实施

应用 Revit 软件打开"×××学院被动式超低能耗实训楼"建筑模型，进行图纸的布局。

8.1　BIM 图纸和布局

8.1.1　平面设计

（1）尺寸标注。单击"注释"选项卡"尺寸标注"面板中的"对齐"命令，在"属性"面板中可看到标注类型，单击"编辑类型"按钮，在弹出的"类型属性"对话框中设置"颜色""宽度系数""文字大小"等，如图 8.1-1 所示。

①标注轴线尺寸：在"项目浏览器"中双击"楼层平面"下的"标高 1"视图，从左到右对轴线进行尺寸标注，并标注总尺寸，如图 8.1-2 所示。

②标注立面高程：切换到"项目浏览器"中，双击"立面"下的"南"视图，单击"注释"选项卡"尺寸标注"面板中的"高程点"命令，在"属性"面板中选择类型为"高程点三角形(项目)"，可以在立面图或剖面图中标注高程，如图 8.1-3 所示。

图 8.1-1　"类型属性"对话框

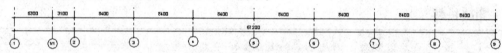

图 8.1-2　标注轴线尺寸

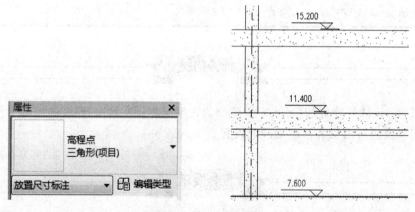

图 8.1-3　标注立面高程

（2）符号。

①剖切符号：切换到"项目浏览器"中，双击"楼层平面"下的"标高 1"视图，单击"视图"选项卡"创建"面板中的"剖面"命令，在"标高 1 平面图"中绘制一个纵向的剖切符号，然后在剖切符号上单击鼠标右键，在弹出的快捷菜单中选择"转到视图"，即可进入剖面视图，如图 8.1-4 所示。同时，在"项目浏览器"面板"剖面(建筑剖面)"下出现"剖面 1"选项。

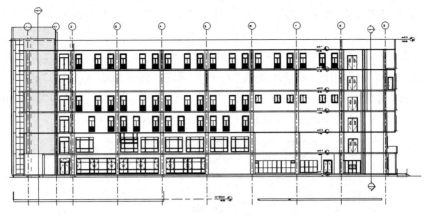

图 8.1-4　剖面视图

②详图索引符号：切换到"项目浏览器"中，双击"楼层平面"下的"标高1"视图，单击"视图"选项卡"创建"面板中的"详图索引"按钮，在下拉列表中选择"矩形"选项，如图 8.1-5 所示。

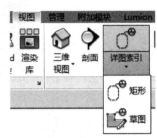

图 8.1-5　"详图索引"按钮

在"标高1平面图"中，用拉伸矩形框的方式画出详细的索引框，双击"详图索引符号"即可转入详图，如图 8.1-6 所示。同时，在"项目浏览器"面板中楼层平面下出现"标高1—详图索引1"选项。

③指北针符号：单击"注释"选项卡"符号"面板中的"符号"命令，在"属性"面板中可查看到符号类型，单击"编辑类型"按钮，在弹出的"类型属性"对话框中单击"载入"按钮，载入指北针的类型，然后在首层平面图的合适位置放置"指北针"符号，如图 8.1-7 所示。

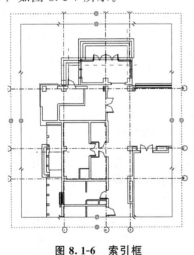

图 8.1-6　索引框

图 8.1-7　指北针

8.1.2　明细表设计

Revit 可以自动提取各种建筑构件、房间面积构件、注释、修订、视图、图纸等图元的属性参数，并以表格的形式显示图元信息，从而自动创建门窗等构件明细表、材质明细表等各种表格。

（1）门窗统计表。单击"视图"选项卡"创建"面板中的"明细表"按钮，在其下拉列表中选择"明细表/数量"，在弹出的"新建明细表"对话框"类别"列表框中选择"门"或"窗"，此处以"窗"为例，确认明细表类型为"建筑构件明细表"，"阶段"选择"现有类型"，单击"确定"按钮（图8.1-8），进入"明细表属性"对话框，如图8.1-9所示。

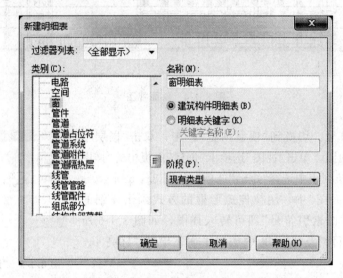

图 8.1-8 "新建明细表"对话框

①设置字段：在"明细表属性"对话框中"字段"选项卡"可用的字段"列表框中依次选择"族与类型""宽度""高度""底高度""合计"等字段，单击"添加参数"按钮，添加到右侧的"明细表字段"列表框中，添加完成后，可通过"上移参数"或"下移参数"按钮来调整字段的顺序，如图8.1-9所示。

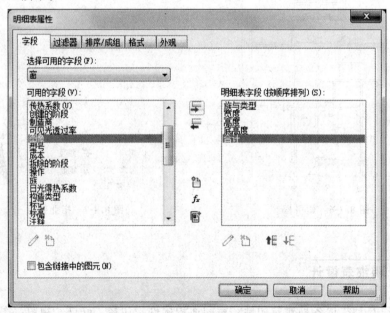

图 8.1-9 设置字段

②设置过滤器：如图 8.1-10 所示，在"过滤器"选项卡中，从"过滤条件"后的下拉列表中选择"宽度""大于或等于""700"为过滤条件，将统计符合过滤条件的窗。如设置过滤条件为"无"，则将统计所有的窗。

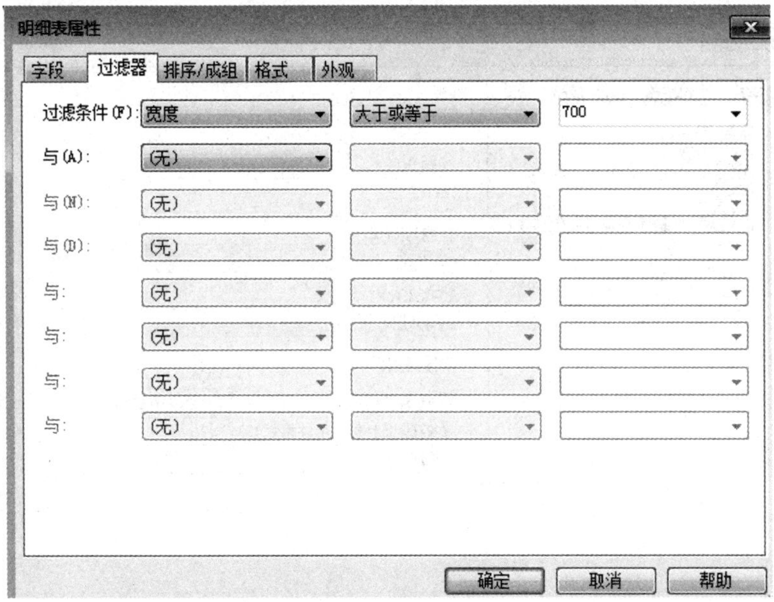

图 8.1-10　设置过滤器

③设置排序：如图 8.1-11 所示，在"排序/成组"选项卡下，从"排序方式"后的下拉列表中选择"族与类型"，选中"升序"；勾选"总计"，选择"标题、合计和总数"自动计算总数；勾选"逐项列举每个实例"，将创建实例统计表，每个窗在表格中显示一行；若不勾选"逐项列举每个实例"，则相同类型的窗会统计在一起。

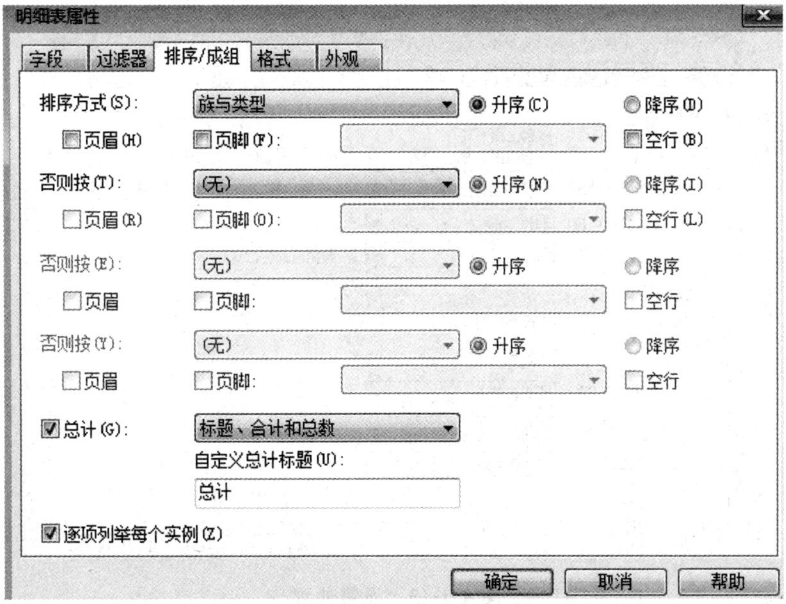

图 8.1-11　设置排序

④设置格式：如图 8.1-12 所示，在"格式"选项卡中，从左侧"字段"列表中选择"合计"，右侧"标题方向"选择"水平"，"对齐"方式选择"中心线"，在下方的下拉列表中选择"计算总数"。

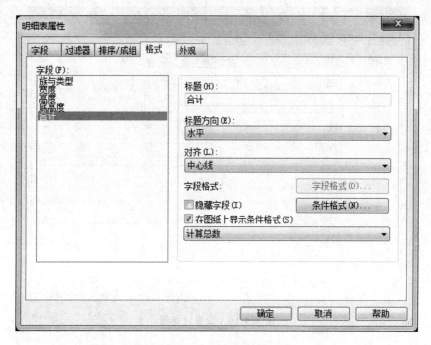

图 8.1-12　设置格式

⑤设置外观：如图 8.1-13 所示，在"外观"选项卡中，设置"网格线"（表格内容）、"轮廓"（表格外轮廓）线条样式为细线或宽线。设置"标题"文字、"正文"文字的字体和大小、样式等。如勾选"数据前的空行"，则在表格标题和正文间加一空白行间隔。

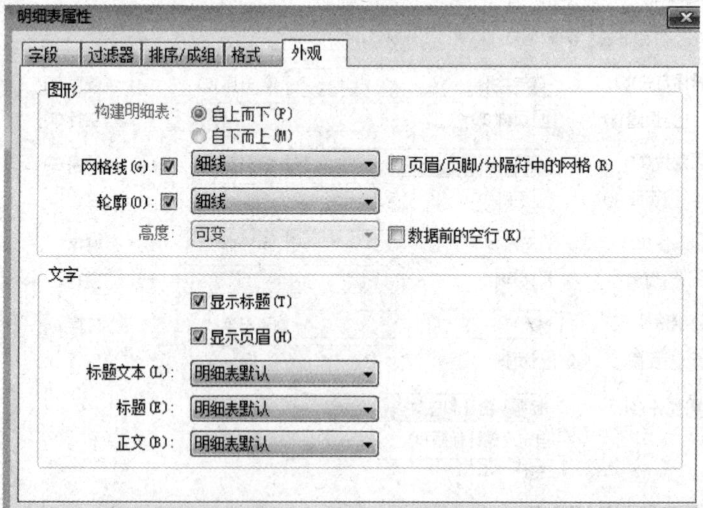

图 8.1-13　设置外观

⑥添加公式：在"字段"选项卡中单击"添加计算参数"按钮，弹出"计算值"对话框，输入字段名称"窗口面积"，设置字段"类型"为"面积"，单击"公式"后的"⋯"按钮，弹出"字段"对话框，选择"宽度"和"高度"字段，形成"宽度＊高度"公式，然后单击"确定"按钮，返回"明细表属性"对话框，修改"窗口面积"字段位于列表最下方，单击"确定"按钮，形成"窗明细表"，如图 8.1-14 所示。

<窗明细表>

A	B	C	D	E	F
族与类型	宽度	高度	底高度	合计	窗口面积
BYC1208: BYC	1200	800	1800	1	1 m²
BYC1217: BYC	1200	1700	900	9	2 m²
BYC1227-2: BY	1200	2750	200	3	3 m²
C0718: C0718	700	1800	800	1	1 m²
C1014: C1014	1000	1450	1500	8	1 m²
C1027: C1027	1000	2750	200	16	3 m²
C1214-1: C121	1200	1450	1500	6	2 m²
C1214-3: C121	1200	1450	1500	6	2 m²
C1216beilou: C	1200	2600	800	215	3 m²
C1217-3: C121	1200	2750	200	1	3 m²
C1218: C1218	1200	1800	800	2	2 m²
C1218: C1218a	1200	1800	800	25	2 m²
C1221beilou: C	1200	2100	800	4	3 m²
C1227-1: C122	1200	2750	200	155	3 m²
C1227-2: C122	1200	2750	200	76	3 m²
C1227-3: C122	1200	2750	200	122	3 m²
C1522: C1222	1200	2200	800	3	3 m²
C1522: C1421	1400	2100	800	2	3 m²
C1522: C1521	1500	2100	800	6	3 m²
C1522: C1522	1500	2200	800	6	3 m²
C1821-1: BYC1	1800	2050	900	1	4 m²
C1821-1: C182	1800	2050	900	2	4 m²
C1821-1: C182	1800	2150	900	2	4 m²
C1821-1: C182	1800	2150	900	1	4 m²
C2005: C2005	2000	500	2100	69	1 m²
C2122: C1922	1900	2200	800	1	4 m²

图 8.1-14　窗明细表

在"应用程序菜单"→"导出"→"报告"下单击"明细表"，系统弹出"导出明细表"对话框，选择保存路径，输入文件名，单击"确定"按钮可将"窗明细表"以"txt"格式保存下来，如图 8.1-15 所示。

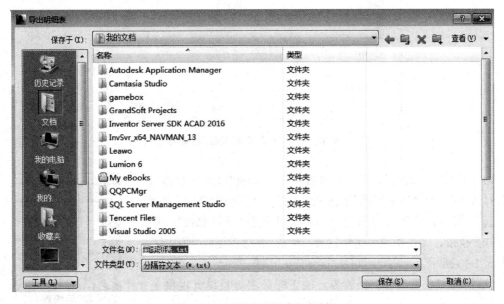

图 8.1-15　"导出明细表"对话框

用同样方法可以制作门明细表。

（2）建筑专业工程量统计。建筑专业工程量主要是指建筑专业中的一些构件的用量，如门窗中的玻璃、填充墙的加气混凝土砌体等。下面以窗为例来学习建筑专业工程量的统计方法。

选择"视图"选项卡"创建"面板中的"明细表"下拉列表中的"材质提取"命令，弹出"新建材质提取"对话框，在"类别"列表框中选择"窗"类别，单击"确定"按钮，如图 8.1-16 所示。

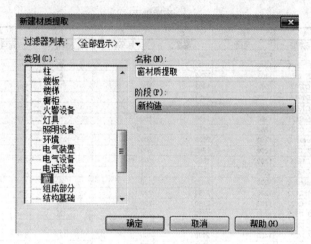

图 8.1-16　"新建材质提取"对话框

系统弹出"材质提取属性"对话框，在"字段"选项卡下，依次添加"材质：名称"和"材质：体积"至明细表字段列表框中，如图 8.1-17 所示。

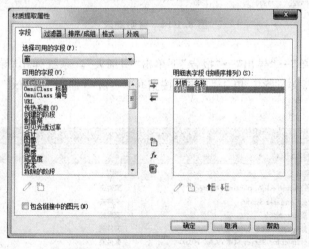

图 8.1-17　"材质提取属性"对话框

切换到"排序/成组"选项卡，设置排序方式为"材质：名称"，取消勾选"逐项列举每个实例"复选框；然后再切换到"格式"选项卡，选中"材质：体积"，在下方的文本框中选择"计算总数"，单击"确定"按钮，完成明细表属性设置，生成"窗材质提取"明细表，如图 8.1-18 所示。

（3）结构工程量统计。结构专业的工程量主要是统计混凝土

<窗材质提取>

A	B
材质：名称	材质：体积
不锈钢	0.45 m²
玻璃	99.46 m²
玻璃(1)	3.56 m²
窗扇	0.03 m²
铝合金	1.86 m²
防水透气膜	0.01 m²
默认(1)	0.05 m²

图 8.1-18　"窗材质提取"明细表

用量。打开"结构模型"，首先逐个修改各个梁的族类型，添加"梁截面面积"参数，如图 8.1-19所示。

图 8.1-19 "族类型"对话框

①创建梁明细表：单击"视图"选项卡"创建"面板中的"明细表"按钮，在其下拉列表中选择"材质提取"工具，在弹出的"新建材质提取"对话框"类别"列表框中选择"结构框架"，输出明细表名称设为"梁材质提取"，单击"确定"按钮，如图 8.1-20 所示，系统弹出"材质提取属性"对话框。

图 8.1-20 "新建材质提取"对话框

②设置明细表"字段"：依次添加"材质：名称"和"材质：面积"。

③设置明细表"排序/成组"：在"排序/成组"选项卡下，排序方式选择"材质：名称"；取消勾选"逐项列举每个实例"复选框，如图 8.1-21 所示。

图 8.1-21 设置"排序/成组"

④设置明细表"格式"：在"格式"选项卡下"字段"列表框中选择"材质：面积"，在下面的文本框下拉列表中选择"计算总数"选项，单击"确定"按钮，得到"梁材质提取"明细表，如图 8.1-22 所示。

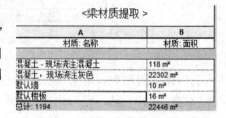

图 8.1-22 "梁材质提取"明细表

8.1.3 布局和打印

（1）图布局纸。创建图纸，在"视图"选项卡"图纸组合"面板中单击"图纸"按钮，在弹出的"新建图纸"对话框中单击"载入"按钮，在弹出的"载入族"对话框中选择"A1 公制"，单击"打开"按钮，关闭"载入族"对话框，返回"新建图纸"对话框，单击"确定"按钮，关闭"新建图纸"对话框，完成图纸的创建，如图 8.1-23 所示。

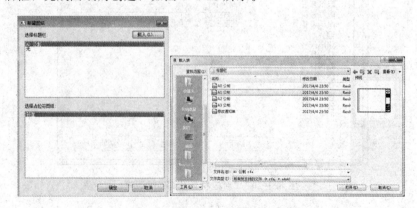

图 8.1-23 创建图纸

创建图纸视图后，在项目浏览器中"图纸"选项下将自动增加图纸"A101－未命名"。图纸里的审核者、设计者、图纸名称等内容可在"属性"面板中进行修改，如图 8.1-24 所示。

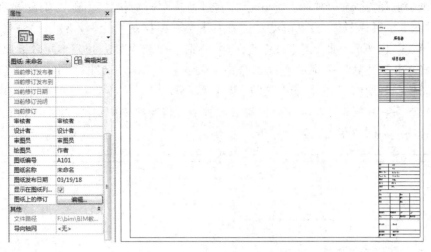

图 8.1-24 "属性"面板参数修改

单击"管理"选项卡"设置"面板中的"项目信息"按钮，按建筑施工图纸的内容录入项目信息，单击"确定"按钮，完成录入，如图 8.1-25 所示。

创建图纸后，即可在图纸中添加建筑的一个或多个视图，包括楼层平面、立面、三维视图、剖面、渲染视图及明细表等。

在项目浏览器中展开"图纸"选项，在图纸名称"A101－未命名"上单击鼠标右键，在弹出的快捷菜单中选择"重命名"命令，弹出"图纸标题"对话框，如图 8.1-26 所示，"编号"中输入"建施－1"，"名称"中输入"首层平面图"。

图 8.1-25 项目信息录入

图 8.1-26 "图纸标题"对话框

233

在项目浏览器中选中"楼层平面—标高 1"，拖拽到"建施—1"图纸视图中。选择拖拽进来的平面视图"标高 1"，在"属性"中修改"图纸上的标题"为"首层平面图"。

在图纸中选择"标高 1"视图并单击鼠标右键，在弹出的快捷菜单中选择"激活视图"命令，此时"图纸标题栏"灰显。单击绘图区域左下角视图控制栏比例，弹出比例列表，可选择比例中的任意比例值，此处将"自定义比例"对话框中改为"1：300"。同时拖拽图纸标题到合适位置，并调整标题文字底线到适合标题的长度。如不想在图纸中出现"立面符号"，可单击视图控制栏中的"裁剪视图"按钮，调整裁剪范围。

设置完成后，在视图中单击鼠标右键，在弹出的快捷菜单中选择"取消激活视图"命令，即完成了首层平面图的布置，如图 8.1-27 所示。

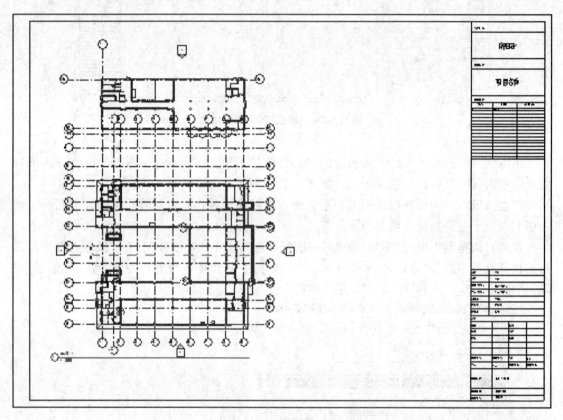

图 8.1-27　首层平面图的布置

按相同操作，可以完成其他视图的布置。

布置好图纸之后可以导出图纸。在"应用程序菜单"→"导出"→"CAD 格式"下单击"DWG"按钮，系统弹出"DWG 导出"对话框，如图 8.1-28 所示。

在对话框中单击"新建集"按钮，在弹出的"新建集"对话框中单击"确定"按钮，返回"DWG 导出"对话框，勾选"名称"中的"图纸：建施—1—首层平面图"，然后单击"下一步"按钮，弹出"导出 CAD 格式—保存到目标文件夹"对话框，选择保存路径和文件类型，输入文件名，单击"确定"按钮即可将图纸保存，如图 8.1-29 所示。

若勾选了"将图纸上的视图和链接作为外部参照导出"，则图纸上的视图皆作为独立的视图导出成 DWG 文件。

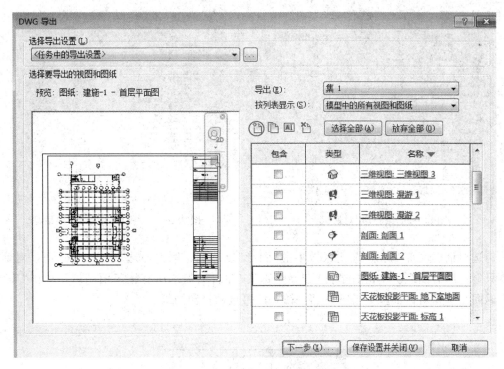

图 8.1-28 "DWG 导出"对话框

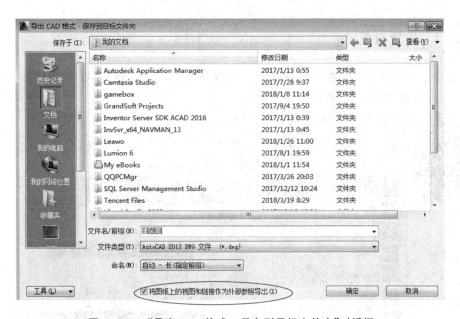

图 8.1-29 "导出 CAD 格式—保存到目标文件夹"对话框

(2)打印和输出。创建图纸之后，可以直接打印出图。在"应用程序菜单"→"打印"下选择"打印"命令，弹出"打印"对话框，如图 8.1-30 所示。在"名称"下拉列表中选择可用的打印机名称。在"打印范围"选项区域中选择"所选视图/图纸"，下面的"选择"按钮由灰色变为可用项。单击"选择"按钮，弹出"视图/图纸集"对话框，如图 8.1-31 所示。

图 8.1-30 "打印"对话框

图 8.1-31 "视图/图纸集"对话框

勾选对话框底部"显示"选项区域中的"图纸"复选框，取消勾选"视图"复选框，对话框中将只显示所有图纸。单击右边的"选择全部"按钮自动勾选所有施工图图纸，单击"确定"按钮返回"打印"对话框，单击"确定"按钮，即可自动打印图纸。

8.2 渲 染

8.2.1 设置材质

在渲染之前，需要先给构件设置材质。在"管理"选项卡"设置"面板中单击"材质"按钮，弹出"材质浏览器"对话框，如图 8.2-1 所示。

微课：渲染

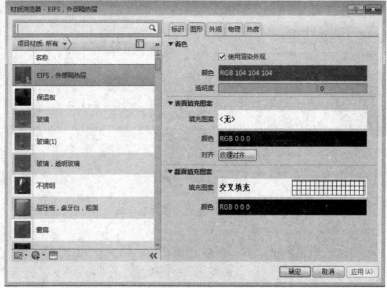

图 8.2-1 "材质浏览器"对话框

在"材质浏览器"对话框左侧材质列表中选择物理性质类似的墙体："砖，普通"材质，单击鼠标右键，选择"复制"命令，将名称改为"仿面砖涂料"，如图 8.2-2 所示。

图 8.2-2　重命名为"仿面砖涂料"

选中新创建的"仿面砖涂料"材质，对话框右边将显示该材质的属性，如图 8.2-3 所示。在"着色"选项区域单击"颜色"按钮，可以选择着色状态下的构件颜色，同时勾选"使用渲染外观"；在"表面填充图案"选项区域单击"填充图案"按钮，可以选择填充图案类型；在"截面填充图案"选项区域单击"填充图案"按钮，可以选择截面填充图案类型。在"材质浏览器"对话框中单击"确定"按钮，完成外墙材质"仿面砖涂料"的创建。

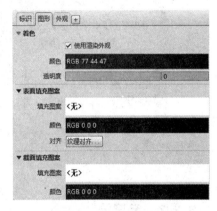

图 8.2-3　材质属性

下面即可给构件设置材质。选中模型中的一面外墙，在"属性"面板中单击"编辑类型"按钮，弹出"编辑类型"对话框。单击"结构"参数后的"编辑"按钮，弹出"编辑部件"对话框。选择面层的材质，改为新建的材质"仿面砖涂料"。单击"确定"按钮关闭所有对话框，完成材质的设置。

8.2.2　渲染设计和输出

在"视图"选项卡"图形"面板中单击"渲染"按钮，弹出"渲染"对话框，如图 8.2-4 所示。根据计算机的性能，在"质量"选项区域的"设置"下拉列表中选择"中"或"高"选项；在"照明"选项区域的"方案"下拉列表中选择"室外：仅日光"选项，单击"日光设置"后的 按钮，弹出"日光设置"对话框，进行日光设置；在"背景"选项区域"样式"下拉列表中选择"天空：少云"，或选择"颜色"选项，可设置背景颜色，或者选择"图像"，可设置背景需要的图片。

设置完成后，单击"渲染"按钮开始渲染，并弹出"渲染进度"对话框，显示渲染进度，可随时单击"取消"按钮结束渲染。

单击"渲染"对话框中的"保存到项目中"按钮，可将渲染的图像保存在项目浏览器的"渲染"分支中。单击"导出"按钮，弹出"保存图像"对话框，选择保存的文件的路径，给定名字后单击"保存"按钮，可将渲染图像以".jpg"格式保存在计算机中。

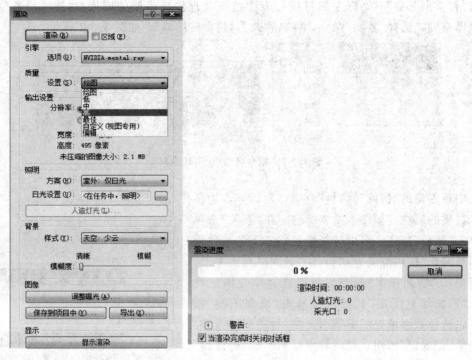

图 8.2-4　渲染

8.2.3　云渲染

在"视图"选项卡"渲染"面板中单击"Cloud 渲染"按钮，系统将会弹出登录窗口。如果没有注册 AUTODESK ID，则需要进行注册；如果已经有 ATUODESK ID，可以直接登录渲染当前视图，如图 8.2-5 所示。

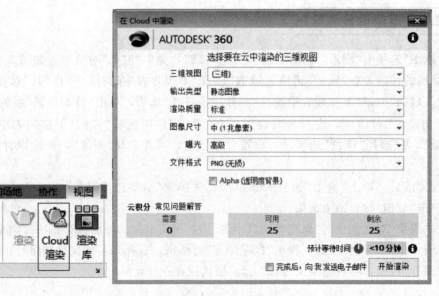

图 8.2-5　Cloud 渲染

在"在 Cloud 中渲染"对话框中单击"开始渲染"按钮，如图 8.2-6 所示。

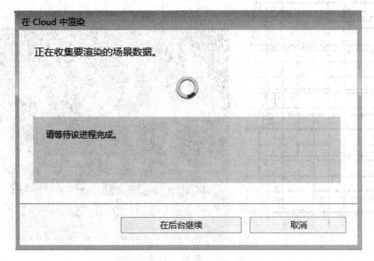

图 8.2-6 开始渲染

8.3 漫 游

8.3.1 镜头和相机

打开一个平面视图，在"视图"选项卡"创建"面板的"三维视图"下拉列表中选择"相机"选项。在平面视图绘图区域中单击放置相机，并将光标拖拽到合适位置，使其覆盖整个模型。

选择三维视图的视口，视口各边出现 4 个蓝色控制点，拖拽控制点可以放大视口，即可创建一个正面相机透视图，如图 8.3-1 所示。

微课：漫游

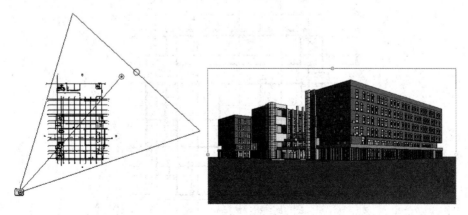

图 8.3-1 相机透视图

使用同样方法在室内放置相机就可以创建室内三维透视图，如图 8.3-2 所示。

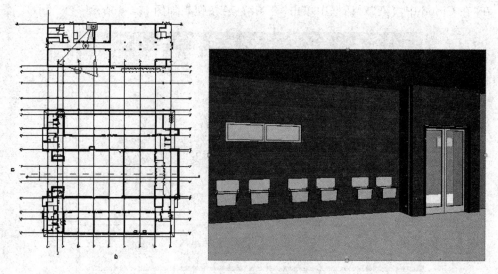

图 8.3-2　室内三维透视图

8.3.2　创建漫游

在项目浏览器中进入本项目南楼"标高 1"平面视图，在"视图"选项卡"创建"面板的"三维视图"下拉列表中选择"漫游"选项。将光标移至绘图区域，在"标高 1"平面视图中东面某一位置单击，开始绘制路径，如图 8.3-3 所示。每单击一下，即创建一个关键帧，沿着南楼外围逐个单击放置关键帧，路径围绕南楼一周后，在"修改｜漫游"上下文选项卡中单击"完成漫游"按钮即完成了漫游路径的绘制。

在"修改｜相机"上下文选项卡中单击"编辑漫游"按钮，从第一帧开始，逐个调整每一关键帧的方向和范围。

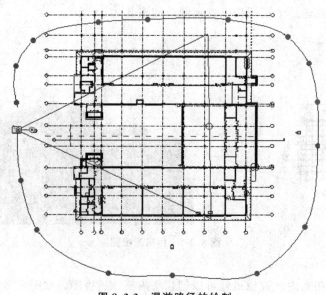

图 8.3-3　漫游路径的绘制

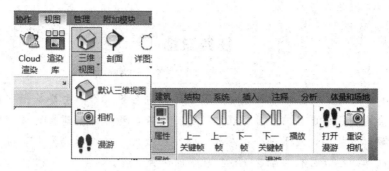

图 8.3-3　漫游路径的绘制(续)

单击"编辑漫游"上下文选项卡中的"打开漫游"按钮，"视图样式"选择"着色"，选择渲染视口边界，单击视口边界四条边上的控制点，按住鼠标向外拖拽可以放大视口，如图8.3-4所示。

图 8.3-4　放大视口

编辑完成后，可在"编辑漫游"上下文选项卡中单击"播放"按钮，即可播放刚刚完成的漫游。同时，在"项目浏览器"中出现"漫游"选项，可以看到刚刚创建的漫游名称为"漫游1"，单击右键可以进行重命名。同时，双击"漫游1"即可打开漫游视图。

漫游创建完成后，在"应用程序菜单"→"导出"→"图像和动画"下选择"漫游"命令，弹出"长度/格式"对话框，如图 8.3-5 所示。"视觉样式"可选择"真实"，单击"确定"按钮后会弹出"导出漫游"对话框，输入文件名，选择保存路径，单击"保存"按钮，弹出"视频压缩"对话框，单击"确定"按钮，即可将漫游文件导出为 AVI 格式的文件。

图 8.3-5　导出 AVI 文件

在 Revit 成果输出之前，需要先做好平面设计的准备工作，主要是指平面视图、立面视图、剖面视图及详图等的尺寸标注和注释。通常，还可以创建自定义标题栏，使用族编辑器创建标题栏族，对于每个标题栏，指定图纸大小并添加边界、公司徽标和其他信息，可以将标题栏族另存为带有 rfa 扩展名的单独文件。

用户可以将这些标题栏添加到默认的项目样板中，这样在创建项目时可自动载入。如果在项目样板中不包含自定义标题栏，则可以将标题栏载入项目中。

任务分组

进行任务分配并填写表 8-1。

表 8-1　学生任务分配表

班级		组号		指导教师	
组长		学号			
组员	姓名	学号	姓名	学号	姓名	学号
任务分工						

评价反馈

1. 学生进行自我评价，并将结果填入表 8-2 中。

表 8-2　学生自评表

班级		姓名		学号	
项目 8		BIM 成果输出			
评价项目		评价标准		分值	得分
BIM 图纸和布局	明细表设计	能够准确设置字段，最终导出的 .TXT 格式的明细表和图纸给出的表格完全一致		20	
	图纸	图纸格式和图纸上的视图应与要求一致，并能准确导出为 CAD 格式		20	

评价项目		评价标准	分值	得分
渲染	设置材质	材质的名称与属性须与要求一致	10	
	渲染设计和输出	渲染的质量、日光设置及背景应与要求一致，并能将渲染结果导出成图片格式	10	
漫游	镜头和相机	能够合理调整相机位置和方向	5	
	创建漫游	能够创建并导出漫游视频	15	
工作态度		态度端正，无无故缺勤、迟到、早退现象	5	
工作质量		能按时完成工作任务	5	
协调能力		与小组成员之间能合作交流、协调工作	2	
职业素质		能做到保护环境，爱护公共设施	3	
创新意识		具有创新意识，能渲染出高质量图片	5	
合计			100	

2. 学生以小组为单位进行互评，并将结果填入表 8-3 中。

表 8-3　学生互评表

班级			小组				
任务			BIM 成果输出				
评价项目		分值	评价对象得分				
BIM 图纸和布局	明细表设计	20					
	图纸	20					
渲染	设置材质	10					
	渲染设计和输出	10					
漫游	镜头和相机	5					
	创建漫游	15					
工作态度		5					
工作质量		5					
协调能力		2					
职业素质		3					
创新意识		5					
合计		100					

3. 教师对学生工作过程与结果进行评价，并将结果填入表8-4中。

表8-4 教师综合评价表

班级			姓名		学号		
项目8			BIM成果输出				
评价项目			评价标准			分值	得分
BIM图纸和布局		明细表设计	能够准确设置字段，最终导出的.TXT格式的明细表和图纸给出的表格完全一致			20	
		图纸	图纸格式和图纸上的视图应与要求一致，并能准确导出为CAD格式			20	
渲染		设置材质	材质的名称与属性须与要求一致			10	
		渲染设计和输出	渲染的质量、日光设置及背景应与要求一致，并能将渲染结果导出成图片格式			10	
漫游		镜头和相机	能够合理调整相机位置和方向			5	
		创建漫游	能够创建并导出漫游视频			15	
工作态度			态度端正，无无故缺勤、迟到、早退现象			5	
工作质量			能按时完成工作任务			5	
协调能力			与小组成员之间能合作交流、协调工作			2	
职业素质			能做到保护环境，爱护公共设施			3	
创新意识			具有创新意识，能渲染出高质量图片			5	
合计						100	
综合评价	自评(20%)		小组互评(30%)	教师评价(50%)		综合得分	

习 题

一、单项选择题

1. 在项目中，尺寸标注属于（　　）。

A. 注释图元　　　　B. 模型图元　　　　C. 参数图元　　　　D. 视图图元

2. 下列选项中不属于结构专业常用的明细表的是（　　）。

A. 构件尺寸明细表　B. 门窗表　　　　C. 结构层高表　　　D. 材料明细表

3. 如下图所示，需要对同一对象进行两种单位标注时，具体操作是（　　）。

3675
3.68m

单项选择题3图

A. 建立两种标注类型，两次标注　　　　B. 添加备用标注

C. 无法实现该功能　　　　　　　　　　D. 使用文字替换

4. 统计出项目中不同对象使用的材料数量，并且将其统计在一张统计表中的方法是（   ）。

A. 使用材质提取功能，分别统计，导出到 Excel 中进行汇总

B. 使用材质提取功能，设置多类别材质统计

C. 使用明细表功能，将材质设置为关键字

D. 使用材质提取功能，设置材质所在族类别

5. Revit 明细表中的数值具有的格式选项为（   ）。

A. 可以将货币指定给数值　　　　　　B. 可以消除零和空格

C. 较大的数字可以包含逗号作为分隔符　D. 以上说法都对

6. 在 Revit 中，提供了（   ）种明细表视图。

A. 3　　　　　　　　B. 4　　　　　　　　C. 5　　　　　　　　D. 6

7. 将 Revit 项目导出为 CAD 格式文件，下列描述错误的选项是（   ）。

A. 在导出之前限制模型几何图形，可以减少要导出的模型几何图形的数量

B. 完全处于剖面框以外的图元不会包含在导出文件中

C. 对于三维视图，不会导出裁剪区域边界

D. 对于三维视图，裁剪区域边界外的图元将不会被导出

8. 以下说法错误的选项是（   ）。

A. 可以在图纸中添加建筑的一个或多个视图，包括楼层平面、场地平面、天花板平面、立面、三维视图、剖面、详图视图、绘图视图和渲染视图

B. 每个视图仅可以放置到一个图纸上

C. 要在项目的多个图纸中添加特定视图，请创建视图副本，并将每个视图放置到不同的图纸上

D. 可以将图例和明细表（包括视图列表和图形列表）放置到图纸上，每个列表仅可以放置到一个图纸上

9. 在 Revit 中，创建全景图，可使用的功能为（   ）。

A. 相机　　　　　　B. 云渲染　　　　　　C. 漫游　　　　　　D. 光线追踪

10. 欲将门与窗报表制作为同一张表，只需统计出门窗个数，下述方法最方便的是（   ）。

A. 在 Revit 中分别制作门、窗表，并将其合并

B. 导出到 AutoCAD 中再制作

C. 使用 ODBC 导出到 Excel

D. 使用多类别明细表

11. 下列选项中能创建的概念设计分析类型是（   ）。

A. 创建面积分析明细表　　　　　　B. 创建明细表以分析外表面积

C. 创建周长分析明细表　　　　　　D. 以上分析都可以在 Revit 中进行

12. 导出明细表时，我们不能将字段分隔符指定为（   ）。

A. 空格　　　　　　B. 逗号　　　　　　C. 句号　　　　　　D. 分号

13. 在 Revit 中，"明细表"命令位于（   ）。

A."常用"选项卡　　B."插入"选项卡　　C."注释"选项卡　　D."视图"选项卡

二、多项选择题

1. 项目中渲染，可以实现的渲染设置为（   ）。

A. 背景　　　　　　　B. 树木量　　　　　　C. 灯光选项　　　　　D. 材质颜色

E. 图像透明度

2. Revit 软件的基本文件格式主要分为（   ）。

A. rte 格式　　　　　B. rvt 格式　　　　　C. rft 格式　　　　　D. rfa 格式

E. Revit 格式

3. 在 Revit 中打开的默认三维视图中，以及在相机创建的正交视图和透视图中，以下说法正确的有（   ）。

A. 在相机正交视图中右击"ViewCube"，可以切换到透视视图

B. 在相机透视视图中右击"ViewCube"，可以切换到平行视图

C. 在相机默认三维视图中右击"ViewCube"，可以切换到透视视图

D. 在相机默认三维视图中右击"ViewCube"，可以切换到平行视图

4. （   ）可以添加详图索引。

A. 楼层平面视图　　　　　　　　　B. 剖面视图

C. 详图视图　　　　　　　　　　　D. 三维视图

E. 立面视图

5. 要创建多类别明细表，下列描述正确的选项有（   ）。

A. 多类别明细表一般应用到具有共享参数的项目中

B. 共享参数可用作明细表字段添加到多类别明细表中

C. 非共享参数属性不能添加到多类别明细表中

D. 在"明细表属性"对话框中单击"过滤"选项卡，并选择刚添加的共享项目参数

E. 多类别明细表仅可包含可载入族。当选择"共享参数"时，类别不具有选定的共享参数将无法被选择

6. Revit 视图有很多种形式，下列有关视图的描述，有误的有（   ）。

A. 在立面中，已创建的楼层平面视图的标高标头显示为黑色

B. 当不选择任何图元时，"属性"面板显示空白

C. Revit 允许用户在楼层平面视图或天花板视图中创建任意立面视图

D. 可以对平面、立面、三维视图进行放大、缩小、平移、旋转等操作

三、实操题

BIM 成果输出［2021 年第七期"1＋X"建筑信息模型（BIM）职业技能等级考试初级实操试题第三题］。

根据以下要求和给出的图纸，创建模型并将结果输出。在本题文件夹下新建名为"第三题输出结果＋姓名"的文件夹，将本题结果文件保存至该文件夹中。

(1)BIM 建模环境设置。设置项目信息：①项目发布日期：2021 年 12 月 25 日；②项目名称：别墅；③项目地址：中国山东省济南市。

(2)BIM 参数化建模。

①根据给出的图纸创建标高、轴网、柱、墙、门、窗、楼板、屋顶、台阶、散水、楼梯等，栏杆尺寸及类型自定。门窗需按门窗表尺寸完成，窗台底高度见立面图，未标明尺寸不做要求。

②主要建筑构件参数要求如下：

外墙：240 mm，10 mm 厚灰色涂料（外部）、220 mm 厚混凝土砌块、10 mm 厚白色涂料（内部）。

内墙：240 mm，10 mm 厚白色涂料、220 mm 厚混凝土砌块、10 mm 厚白色涂料。

楼板：150 mm 厚混凝土。

一楼底板：450 mm 厚混凝土。

屋顶：100 mm 厚混凝土。

散水：800 mm 宽混凝土。

柱子：300 mm×300 mm 混凝土。

(3)创建图纸。

①创建门、窗明细表。门明细表要求包含：类型标记、宽度、高度、合计字段；窗明细表要求包含：类型标记、底高度、宽度、高度、合计字段；门、窗明细表均计算总数。

②创建项目"一层平面图"，创建 A3 公制图纸，将"一层平面图"插入，并将视图比例调整为 1∶100，尺寸标注不做要求。

(4)模型渲染。

对建筑的三维模型进行渲染，质量设置为"中"，背景为"天空：少云"，照明方案为"室外：日光和人造光"，其他未标明选项不做要求，并将渲染结果以"别墅渲染.JPG"为文件名保存至本题文件夹中。

(5)模型文件管理。将模型文件命名为"别墅＋考生姓名"，并保存项目文件。

实操题表

门窗表			
类型	设计编号	洞口尺寸/(mm×mm)	数量
单扇木门	M0721	700×2 100	4
单扇木门	M0921	900×2 100	5
双扇玻璃门	M1821	1 800×2 100	1
双扇玻璃门	M2421	2 400×2 100	3
固定窗	C0906	900×600	4
推拉窗	C1215	1 200×1 500	7
	C2121	2 100×2 100	2

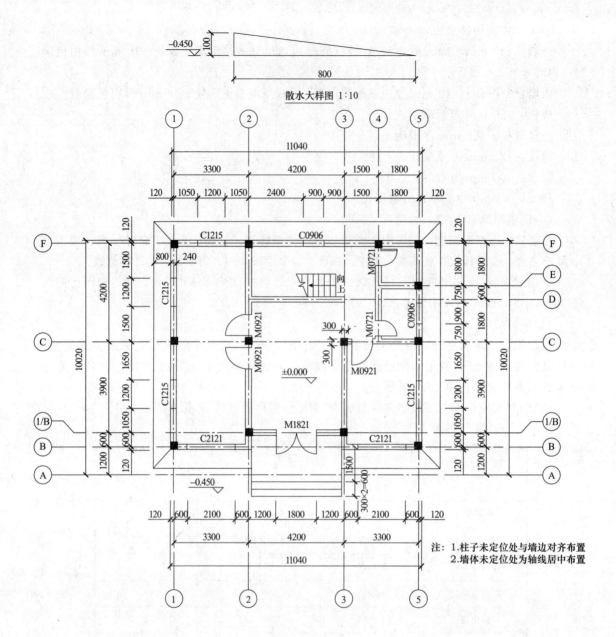

散水大样图 1:10

一层平面图 1:100

实操题图(1)

注: 1.柱子未定位处与墙边对齐布置
   2.墙体未定位处为轴线居中布置

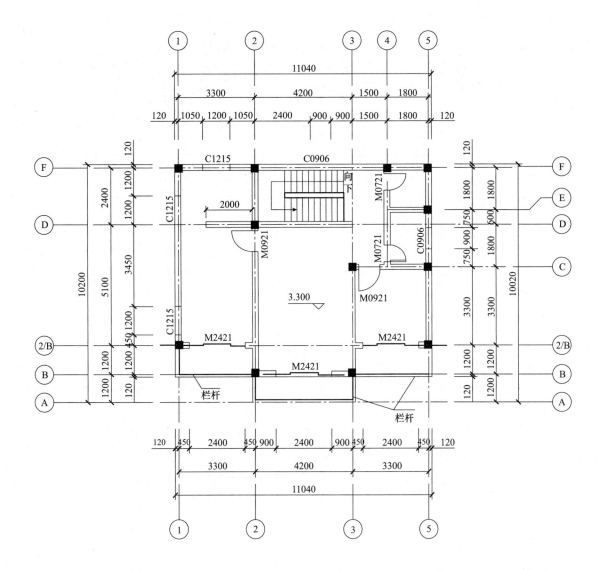

二层平面图 1:100

实操题图(2)

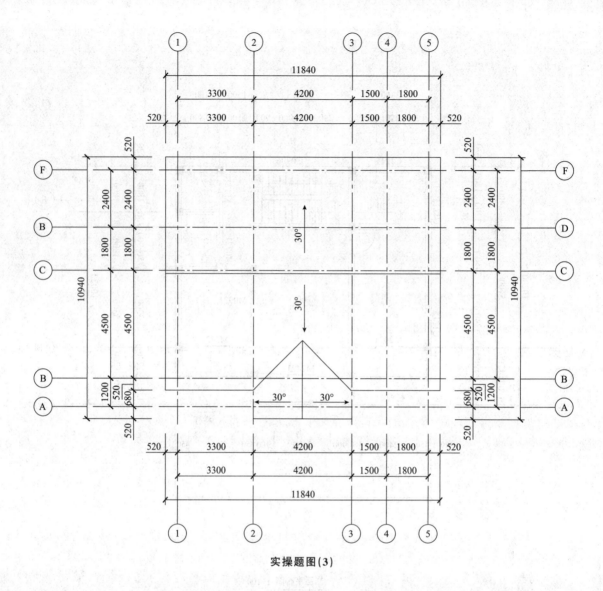

实操题图(3)

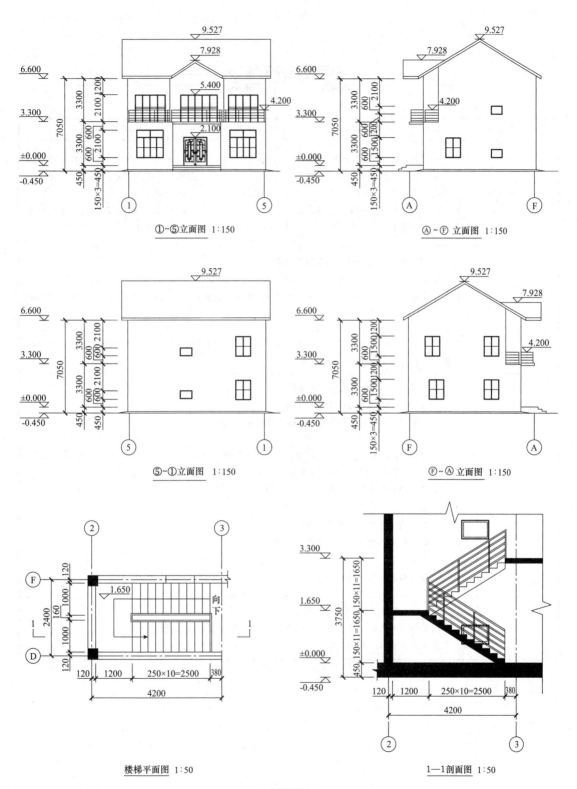

①~⑤立面图 1:150

Ⓐ~Ⓕ 立面图 1:150

⑤~①立面图 1:150

Ⓕ~Ⓐ 立面图 1:150

楼梯平面图 1:50

1—1剖面图 1:50

实操题图(4)

项目	BIM 成果输出	任务	BIM 成果输出
知识目标	1. 理解 BIM 图纸的平面设计。 2. 掌握各种明细表的创建和导出。 3. 掌握应用 Revit 软件进行渲染和漫游的设计	技能目标	1. 能够用 Revit 软件创建图纸，在图纸中添加视图，并能将图纸导出为 CAD 格式。 2. 能利用 Revit 软件对模型进行渲染和漫游设计
素质目标	1. 具备独立分析和解决问题的综合能力。 2. 具备制订、实施工作计划的能力。 3. 培养勇于放弃小我，将个人价值奉献给国家建设的精神觉悟；培养爱国奋斗、博爱互助的家国情怀。		
任务描述	对采用 Revit 软件建好的"×××学院被动式超低能耗实验楼"模型进行出图和布局，同时做出明细表、渲染和漫游动画的设置		
任务要求	1. 能够用 Revit 软件进行平面设计。 2. 能够利用明细表进行工程量统计。 3. 能够应用 Revit 软件做出渲染和漫游动画的设置		
任务实施	1. 将创建的图纸、明细表、渲染的图片及漫游动画导出，生成二维码，用"学生学号＋姓名"命名，将二维码上传至网络教学平台。 2. 同学们相互扫描二维码查看 BIM 成果。 3. 学生小组之间进行点评。 4. 教师通过学生的成果提出问题。 5. 学生积极讨论和回答老师提出的问题。 6. 教师总结。 7. 学生自我评价，小组打分，选出优秀作品上墙		
作品提交	完成作品网上上传工作，要求： 1. 将导出的图纸、明细表、渲染图片及漫游动画拍照上传至教学平台。 2. 成果上面写上班级、姓名、学号		

项目 9　Navisworks 应用

知识目标

1. 熟悉在 Navisworks 中对模型进行材质设置、光源设置及渲染设置。
2. 掌握 Navisworks 中漫游和动画的制作。
3. 熟练掌握、应用 Navisworks 软件，对项目进行碰撞检查及施工进度模拟。

技能目标

1. 能够将 Revit 中所创建的建筑、结构、设备模型在 Navisworks 中进行合并。
2. 能够应用 Navisworks 软件对模型进行渲染、漫游、动画、碰撞检查及施工进度模拟。

素质目标

1. 培养工程项目风险管理的能力。
2. 养成辩证看待问题的习惯。
3. 锻炼实践操作能力，养成学以致用、学有所用的意识。

任务描述

将在 Autodesk Revit 软件中创建好的"×××学院被动式超低能耗实验楼"模型导入 Navisworks 软件中，应用 Navisworks 软件对模型进行渲染、漫游、动画、碰撞检查及施工进度模拟等。

任务要求

1. 能够灵活运用 Navisworks 软件中的 Autodesk Rendering 命令，对模型进行材质设置、光源设置及渲染设置等。
2. 掌握 Navisworks 软件中的"漫游"和"飞行"功能。
3. 熟练掌握剖分动画和场景动画的制作。
4. 能够应用 Navisworks 软件中的 Clash Detective 命令对项目进行碰撞检查，能够查找和报告在场景的不同部分之间的冲突。
5. 能够灵活运用 Navisworks 软件中的 Timeline 命令，对项目中的模型指定开始时间、结束时间，通过将三维模型数据与项目进度表相关联，实现 4D 可视化效果。

将 Revit 软件中创建的模型导入 Navisworks 软件中有两种方法：第一种方法，将 Revit 文件先导出成 NWC 格式，再用 Navisworks 软件打开；第二种方法，如果先安装 Revit 软件再安装 Navisworks 软件，Navisworks 软件中将会多出一个"附加模块"选项卡，单击进入导出界面，并进行必要的设置，就可以用 Navisworks 软件打开导出的 NWC 文件了，如图 9.0-1、图 9.0-2 所示。

一般只需采用其默认设置，主要注意导出范围，通常选择导出当前视图。然后用 Navisworks 软件打开导出的 NWC 文件，图 9.0-3 所示即为本项目 Navisworks 建筑模型的主界面。

图 9.0-1 "附加模块"选项卡

图 9.0-2 打开导出的 NWC 文件

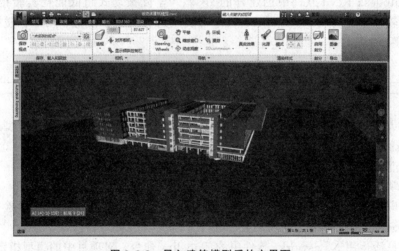

图 9.0-3 导入建筑模型后的主界面

采用同样的步骤，将结构及设备专业在 Revit 软件中所建模型导出生成 NWC 文件，并附加或合并到建筑模型中，如图 9.0-4 所示。全部加进去之后即可进行各专业的协调工作了。

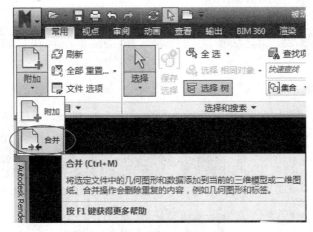

图 9.0-4　各专业模型的合并

9.1　渲　染

在模型中添加材质和光源等可以创建更加真实的渲染，有利于在漫游时使模型更逼真好看。

9.1.1　材质设置

下面以外墙为例，给墙赋予材质。

微课：创建渲染灯光

在"渲染"选项卡"系统"面板中单击"Autodesk Rendering"按钮，如图 9.1-1 所示。弹出"Autodesk Rendering"对话框，在 Autodesk 材质库中找到"砖石"类型下面名为"12 英寸顺砌－紫红色"的基础材质，在图标上单击向上的箭头图标，将其添加到上面窗口的文档材质库里，如图 9.1-2 所示。

图 9.1-1　"Autodesk Rendering"按钮

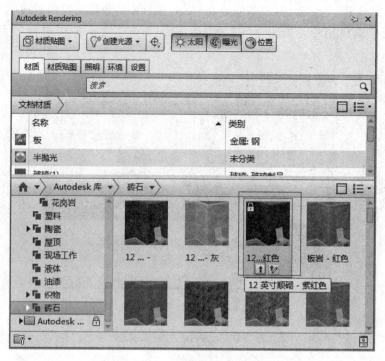

图 9.1-2 添加材质到文档材质库中

在"文档材质"里面可以编辑和修改此材质相关的参数和贴图。在"文档材质"里双击名称为"12 英寸顺砌－紫红色"的材质，出现此材质的编辑窗口，如图 9.1-3 所示。

在"Autodesk Rendering"对话框的"文档材质"中右击修改好的材质，选择"选择要应用到的对象"选项，如图 9.1-4 所示，即把修改好的材质应用到外墙面层的这些构件上了。

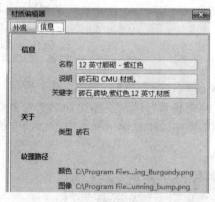

图 9.1-3 修改材质相关参数和贴图

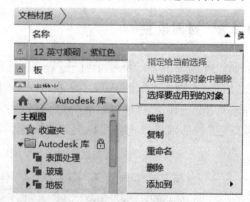

图 9.1-4 "选择要应用到的对象"命令

在"视点"选项卡"渲染样式"面板中的"模式"下拉列表中选择"着色"选项，就能看到设置好的材质效果，如图 9.1-5 所示。

图 9.1-5　设置好的材质效果

9.1.2　光源设置

在"Autodesk Rendering"对话框中，光源可分为自然光源和人造光源两种。自然光源主要是指太阳光；而人造光源是指在人工照明的场景里使用的点光源、聚光灯、平行光或光域网灯光照明，如图 9.1-6 所示。

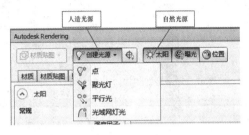

图 9.1-6　光源

首先设置项目的地理位置。单击"位置"按钮，系统弹出"地理位置"对话框，设置项目的经纬度坐标。本项目位于济南，则输入济南的经纬度坐标，数值如图 9.1-7 所示，且与正北没有夹角，然后单击"确定"按钮。

（1）自然光设置：同时激活"太阳"和"曝光"，场景背景将变亮。在"环境"选项卡中，可以对太阳的参数进行设置，如强度因子、太阳圆盘外观、太阳角度等，都可以进行调节，如图 9.1-8 所示。

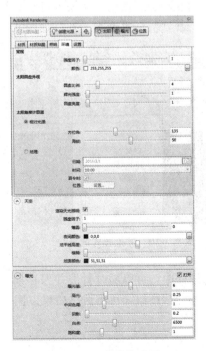

图 9.1-7　项目地理位置设置

图 9.1-8　自然光设置

（2）人造光设置：在"创建光源"下拉列表中选择"聚光灯"，将"聚光灯"图标放置在场景模型中的适当位置，模型将被照亮。同时，"照明"选项卡下出现"聚光灯"，如图9.1-9所示，可对聚光灯进行设置，如名称、热点角度、落点角度、过滤颜色、灯光颜色、灯光强度等都可以进行修改。

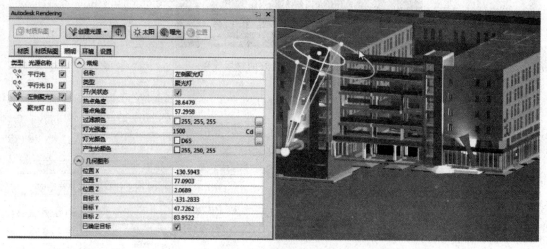

图9.1-9 "聚光灯"设置

9.1.3 渲染设置

在渲染之前，在"渲染"选项卡"交互式光线跟踪"面板中的"光线跟踪"下拉列表中选择渲染样式，如图9.1-10所示。

单击"光线跟踪"按钮，渲染的过程和结果将直接显示在"场景视图"中。在渲染过程中，会在屏幕上看到渲染进度指示器，如图9.1-11所示。

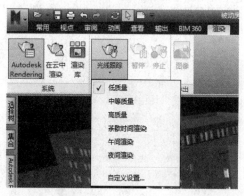

图9.1-10 渲染样式选择

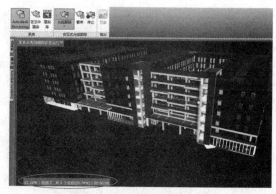

图9.1-11 渲染过程

在此过程中，可以随时暂停并保存期间的渲染进度和结果。渲染完成后，单击"导出"面板中的"图像"按钮，可将渲染效果以图片的格式进行保存，如图9.1-12所示。

图 9.1-12　渲染效果图的保存

9.2　漫　游

　　激活"视点"选项卡下"导航"面板中的"漫游"功能，在"真实效果"下拉列表中选择性地打开某些物理特性和表现效果的一些开关，分别有"碰撞""重力""蹲伏""第三人"。选择当前场景视图为"透视"模式，如图 9.2-1 所示。

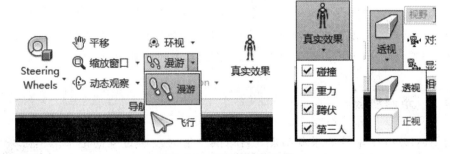

图 9.2-1　"漫游"功能设置

　　接下来就可以进行漫游了，根据需要打开或关闭"真实效果"中的特性。单击鼠标不放，并推动鼠标朝某个方向进行移动，这样，角度就会按照你所指定的方向进行一定速度的移动了，鼠标推动的力度决定你的移动速度。在漫游过程中，除通过鼠标左右移动控制运动方向外，还可以通过鼠标中间滚动轮来改变当前视角的仰角，实现抬头或低头的效果，如图 9.2-2 所示。

微课：漫游和飞行

图 9.2-2　漫游效果

如打开重力开关，碰撞功能也会自动打开，所以，如果遇到障碍物，将无法通过，可以采用 Ctrl＋D 组合键来快速打开或关闭碰撞功能。

"飞行"模式是以飞行模拟器的方式在模型中移动的模式，是在大规模场景模型浏览时的一种空中漫游方式。其物理特性比漫游少了"重力"特征，其余操作与漫游一样。但是"飞行"模式下的移动行为对操作者的手感要求更高。

9.3　动　　画

Navisworks 的动画类型主要有两种：一种是视点动画，即漫游动画，主要可分为实时录制、相机视点保存、剖面等创建方法；另一种是对象动画，可分为场景动画、交互式动画及进度模拟动画。此处重点介绍录制动画、剖面动画和场景动画三种。

9.3.1　录制动画

通过 Navisworks 动画的录制功能，可以实现实时漫游过程的记录。首先激活"视点"选项卡下"导航"面板中的"漫游"按钮，选择"漫游"或"飞行"模式，然后单击"动画"选项卡下"创建"面板中的"录制"按钮，拖动鼠标左键，形成漫游动画，可以录制实施漫游的全过程。单击"录制"面板中的"停止"按钮，动画结束，Navisworks 会自动产生一个名为"动画 1"的动画对象，可以对其进行重命名。若要预览这个动画的录制效果，可以选择"视点"选项卡下"保存、载入和回放"面板中的播放功能，或"动画"选项卡下"回放"面板中的播放功能，来查看之前录制的动画效果，如图 9.3-1 所示。

微课：漫游动画

图 9.3-1　动画播放功能

9.3.2　剖面动画

剖面动画可以简单模拟建筑项目生长的状态。下面主要利用"剖分"功能来制作剖面动画，模拟建筑物自下而上的建造过程。

激活"视点"选项卡下"剖分"面板中的"启用剖分"命令，如图 9.3-2 所示。

单击"剖分工具"选项卡中的"移动"命令，让剖切面的位置被显示出来。然后单击"对齐"按钮并重新激活"顶部"命令，并移动"变换"控件的 Z 轴方向到基础部分，如图 9.3-3 所示。

图 9.3-2　"启用剖分"命令

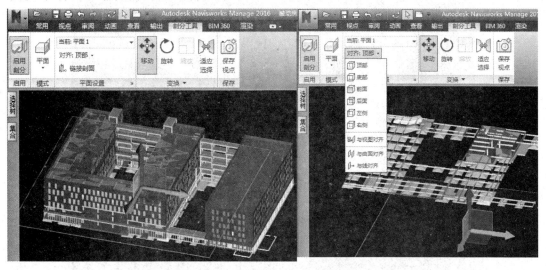

图 9.3-3　移动"变换"控件到基础部分

单击"保存视点"按钮，弹出"保存的视点"对话框，单击鼠标右键，在弹出的快捷菜单中选择"添加动画"，命名为"被动房建造过程剖面动画"，并将当前视点保存下来，命名为"一层"。接着向上移动剖面位置，分别保存当前视点，并依次命名为"二层""三层""四层""五层""六层""顶部"等，保存视点越详细，生成的动画模拟就越真实。这样，就完成了自下而上建筑物生长的动画效果，如图 9.3-4 和图 9.3-5 所示。

图 9.3-4　建筑物生长的动画效果(一)

图 9.3-5　建筑物生长的动画效果(二)

再次单击"启用剖分"命令，则播放的剖面动画就不会显示剖切面了。然后单击"视点"选项卡下"保存、载入和回放"面板中的播放功能，即可查看剖面动画效果。

9.3.3 场景动画

单击"动画"选项卡下"创建"面板中的"Animator"按钮,可以控制模型构件的颜色、透明度、大小、角度及位置的变化,从而衍生出各种动画。下面以"被动房入口门的开启"为例,来学习如何制作场景动画。

微课:创建图元旋转动画——门的开启

首先选择要做动画的门,在门上单击鼠标右键,选择"将选取精度设置为几何图形",如图9.3-6所示。

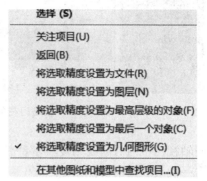

图9.3-6 "将选取精度设置为几何图形"选项

接着在已经打开的"Animator"动画窗口中的树形视图区内单击鼠标右键,选择"添加场景",重命名为"入口门开门动画",在场景上单击鼠标右键,在"添加动画集"下拉菜单中选择"从当前选择",如图9.3-7所示。

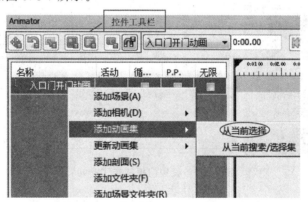

图9.3-7 "从当前选择"命令

微课:创建图元移动动画

微课:塔式起重机旋转动画

"控件工具栏"区域内的功能按钮,主要是对参与动画的模型构件产生位置、角度、大小及外观变化的控制功能。

平移动画集：对模型构件在动画状态下进行移动的功能。

旋转动画集：对模型构件在动画状态下进行旋转的功能。

缩放动画集：对模型构件在动画状态下进行缩放的功能。

更改动画集的颜色：对模型构件在动画状态下进行颜色修改的功能。

更改动画集的透明度：对模型构件在动画状态下进行透明度修改的功能。

微课:创建图元缩放动画

捕捉关键帧📇：对当前模型更改创建快照记录，并作为时间轴里新的关键帧。

打开/关闭捕捉🏠：启用/关闭捕捉功能。

此处激活"旋转动画集"按钮，则在入口门上出现旋转控件，将其拖拽到门的左侧板边上，以此位置作为门板的旋转轴，然后使用"捕捉关键帧"来捕捉当前门板在开启前的状态，单击后在右侧的时间轴视图中创建一个门在关闭状态下的关键帧，如图 9.3-8 所示。

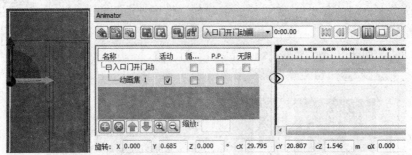

图 9.3-8　创建门在关闭状态下的关键帧

如果时间轴视图中的时间线刻度看不清楚，可在树形视图的下部单击带"＋"号的放大镜按钮，单击一次会放大两倍。

然后把时间线拖动到 2 秒处，同时在手动输入栏 Z 轴位置输入旋转角度为－90°，再次单击"捕捉关键帧"按钮，创建出 2 秒这个时间点，则门板旋转了－90°的位置状态的关键帧如图 9.3-9 所示。

图 9.3-9　设置门板旋转了－90°

单击"播放"按钮或者拖动右侧时间轴视图区的时间线，即可进行此动画的预览，查看此门的开启动作是否合适。

9.4　碰撞检查

在"常用"选项卡下"工具"面板中单击"Clash Detective"按钮，首先在碰撞检测窗口里添加碰撞测试，如图 9.4-1 所示。

在命名为"风管与结构"之后，在"选择"选项卡"选择 A"窗口中选择"风管"，在"选择 B"窗口中选择"被动房结构模型"，如图 9.4-2 所示。

微课：碰撞检查

图 9.4-1　添加碰撞测试

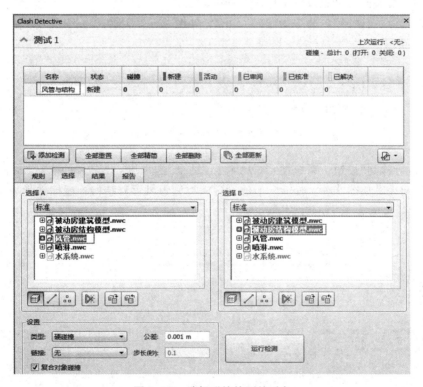

图 9.4-2　选择碰撞检测的对象

接着需要设置其碰撞类型。在 Navisworks 中常见的碰撞类型主要有"硬碰撞""硬碰撞（保守）""间隙"和"重复项"四种，如图 9.4-3 所示。

"硬碰撞"：是指在空间中实体和实体的交叉和碰撞，"公差"是真实碰撞的

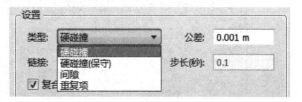

图 9.4-3　碰撞检测的类型

深度，如果设定公差为0.001 m（即1 mm），那么代表着碰撞深度只有超过1 mm才会被认为是有效碰撞，此时已经发生了物理碰撞行为，且已经撞进去了1 mm或更深的深度。如果公差小于1 mm，就不会被检测出来，这样可以在一定程度上减少无效的碰撞数量，因为很多小的碰撞在施工现场很容易就能解决。

"硬碰撞（保守）"：俗称软碰撞，是指两个物体之间发生直接交叉和碰撞，但是这种交叉和碰撞在一定范围内是被允许的。如果选择此种碰撞类型，后面所设定的公差将代表两个模型发生碰撞的部分大于这个值时才被认定为发生碰撞。如公差设为0.001 m，那么两个模型发生交叉的部分如果小于1 mm，它就不会被选择出来，但实际上它们是发生了碰撞的。

"间隙"碰撞：是指两构件物理上并没有发生碰撞，但是它们的间距小于一定值而不满足要求的碰撞。如果选择此种碰撞类型，后面所设定的公差将代表如果小于此距离，将被认为是不符合设计要求的，属于有效的碰撞行为，同时也会出现在检测结果中。

"重复项"碰撞：主要用来检测同一位置是否有重复的模型。例如，同一位置绘制了两段同样长的管道或同一位置放置了两次相同的设备。

此处设置为"硬碰撞"，公差为"0.001 m"，如图9.4-4所示。

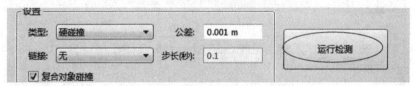

图9.4-4 设置为"硬碰撞"

单击"运行检测"按钮，系统便会进入碰撞"结果"选项卡，Navisworks会提供一个统计清单和碰撞列表，如图9.4-5所示。本项目碰撞类型为风管与结构，碰撞数量为57个。

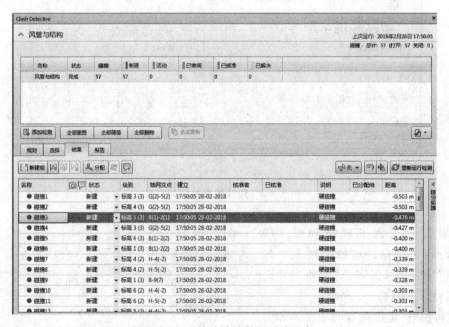

图9.4-5 碰撞统计清单和碰撞列表

如选择碰撞 3，可以看到碰撞相关的定位信息和碰撞深度。此碰撞点位于标高 5 层 3 m 左右，处于Ⓑ轴右侧 1 m 与②轴右侧 1 m 交点处，碰撞深度为−0.476 m。在选择此碰撞信息的同时，模型上会反映出此碰撞点的现状，如图 9.4-6 所示，显示为风管与梁的碰撞情况。

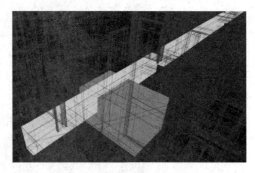

图 9.4-6　风管与梁的碰撞情况

最后可以将碰撞结果导出成报告以供查看。切换到"报告"选项卡，勾选需要导出的碰撞信息，报告类型一般选择"当前测试"，报告格式主要用网页格式的 HTML，因为其他格式只能报告碰撞的位置，而不能导出碰撞位置的截图等内容，不够直观，如图 9.4-7 所示。

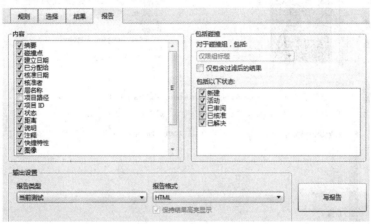

图 9.4-7　"报告"选项卡

在设置完导出内容后，就可以导出报告了。单击"写报告"按钮，选择保存文件的路径，给定名称后单击"保存"按钮，报告就生成了，如图 9.4-8 和图 9.4-9 所示。

图 9.4-8　"另存为"对话框

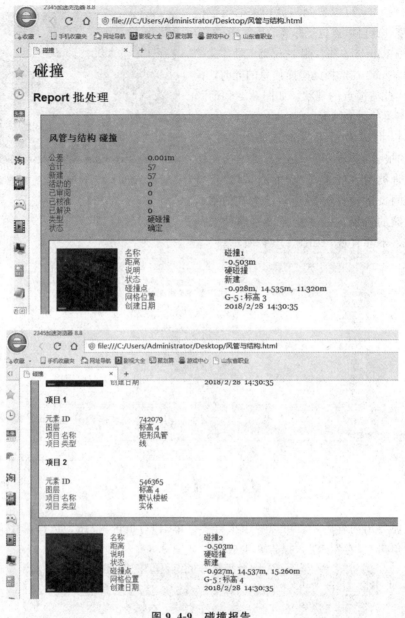

图 9.4-9　碰撞报告

9.5　施工模拟

由图 9.4-9 可以看出，Navisworks 导出的碰撞报告是非常直观和详细的，包括碰撞位置、发生碰撞的构件、已解决或待解决的数目等信息。

打开"被动房结构模型.nwc"文件，按顺序选择基础、各层柱、梁、板等，创建相应的选择集，如图 9.5-1 所示。

微课：施工进度模拟

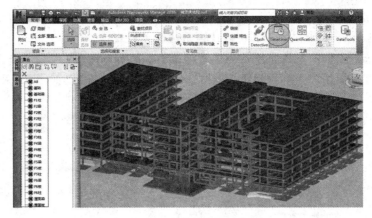

图 9.5-1　创建相应的选择集

　　单击"常用"选项卡"工具"面板中的"TimeLiner"按钮,可以看到打开的"TimeLiner"工具窗口,里面分别有"任务""数据源""配置"和"模拟"等功能选项卡,如图 9.5-2 所示。

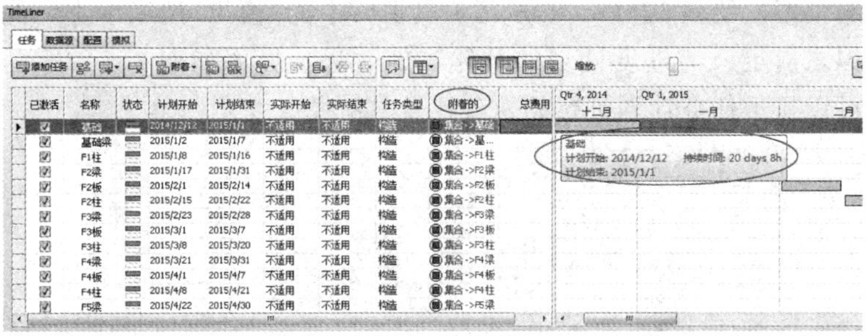

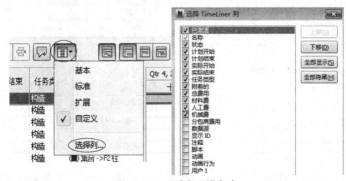

图 9.5-2　"TimeLiner"工具窗口

　　"任务"选项卡下可以添加和管理任务,并在右侧显示相应的甘特图。每个任务占据一行,水平轴表示项目的时间范围,垂直轴表示项目任务。单击"添加任务"按钮,可以设置计划开始时间、计划结束时间、实际开始时间、实际计划时间;然后再拖到后面,添加这个时间段的附加模型(即这个进度要施工完成的部分),如添加"基础"的任务,在模型中选取"基础"的模型并附加到选择集中。同时,鼠标放在右侧相应的甘特图上,将显示出该工序的详细状态。

　　除此之外,还可以自己选择一些其他的内容,如总费用、材料费、人工费、机械费等。可以根据"任务"选项卡上的"选择列"命令来选择自己需要的字段,如图 9.5-3 所示。

图 9.5-3　"选择列"命令

"数据源"选项卡可从第三方进度安排软件中导入已有的进度计划数据（可以支持的数据格式如图 9.5-4 所示），通过数据源可以快速重建任务列表。

在"配置"选项卡中，默认的任务类型有构造、拆除和临时等。单击"添加"按钮可以创建新的任务类型，如添加一个新的任务类型，命名为"现场准备"，如图 9.5-4 所示。

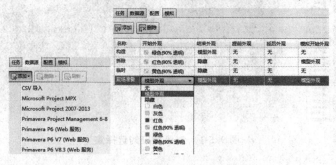

图 9.5-4 "数据源"和"配置"选项卡

进度动画的模拟主要是在"TimeLiner"工具窗口中的"模拟"选项卡上，此工具窗口主要用来验证和模拟之前定义的进度计划的具体实施效果，界面如图 9.5-5 所示。除播放及日期控制外，还可以显示任务计划进行的百分比及甘特图。

图 9.5-5 "模拟"选项卡

在"模拟"选项卡中单击"设置"按钮，可以设置关于模拟的周期时间段，以及任务的时间间隔和对应的进度过程中的标记内容。"模拟设置"对话框如图 9.5-6 所示。

如需根据进度显示相关信息，可在"覆盖文本"选项区域单击"编辑"按钮，弹出"覆盖文本"对话框，在此对话框中可以设置日期和时间格式、费用名目、字体及颜色等，如图 9.5-7 所示。

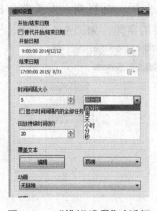

图 9.5-6 "模拟设置"对话框

图 9.5-7 "覆盖文本"对话框

"模拟"设置完成后，单击"播放"按钮，即可进行施工动画的模拟，如图 9.5-8 所示。

图 9.5-8　施工动画的模拟

在"模拟"选项卡的右侧顶部，有"导出动画"按钮 ，单击后弹出"导出动画"对话框。在导出设置中，"源"选择"TimeLiner 模拟"，"格式"选择"Windows AVI"，其余的按照要求设置即可，然后单击"确定"按钮，选择保存文件的路径，输入文件名后单击"保存"按钮，如图 9.5-9 所示。

图 9.5-9　导出动画文件的保存

任务总结

　　Navisworks 软件能够帮助建筑、工程设计和施工团队加强对项目成果的控制，通过模型合并、3D 漫游、碰撞检查和 4D 模拟为工程行业的设计数据提供完整的设计审核方案，延伸设计数据的用途。在 Navisworks 软件中创建动画、渲染、碰撞检查和进度模拟之前，需要先创建集合，可以利用"选择树"功能快速创建集合。

　　另外，建模的时候应尽量分细一点，可以将项目进行拆分，以达到方便绘图、检查及灵活组合的目的，一般可按区域、楼层、系统等内容来拆分整个项目。举例来说，把模型按楼层来细分，方便对想要检查的特定内容之间进行快速简单的碰撞检查。碰撞检查的时候就可以用一层的结构梁与一层的风管进行碰撞检查，而不是用整个大楼的梁与整个大楼的风管去碰撞检查，修改起来自然会简单很多。

进行任务分配，填写表 9-1。

表 9-1　学生任务分配表

班级		组号		指导教师	
组长		学号			
组员	姓名	学号	姓名	学号	姓名	学号
任务分工						

1. 学生进行自我评价，并将结果填入表 9-2 中。

表 9-2　学生自评表

班级		姓名		学号	
项目 9		Navisworks 应用			
评价项目		评价标准	分值	得分	
渲染	材质设置	材质的名称与属性应与要求一致	5		
	光源设置	能够设置出太阳光和人造光两种光源	5		
	渲染设置	能将渲染效果图导出成图片格式	5		
漫游	漫游操作	能够在真实效果下创建出漫游效果	5		
动画制作	录制动画	能够利用 Navisworks 动画的录制功能录制漫游动画	10		
	剖面动画	能够利用"剖分"功能制作出建筑自下而上的建造过程的剖面动画	10		
	场景动画	能够利用"Animator"按钮制作出场景动画	10		
碰撞检查	结构与水电暖等管道的碰撞检查	应能将结构与管道的碰撞结果导出成报告，并能根据报告检测出碰撞情况	10		
	设备管道之间的碰撞检测	应能将管道之间的碰撞结果导出成报告，并能根据报告检测出碰撞情况	10		
施工进度模拟	"TimeLiner"进度动画的模拟	应能对项目中的模型指定开始时间、结束时间，将三维模型数据与项目进度表相关联，导出施工模拟动画	15		
工作态度		态度端正，无无故缺勤、迟到、早退现象	3		
工作质量		能按时完成工作任务	3		
协调能力		与小组成员之间能合作交流、协调工作	2		
职业素质		能做到保护环境，爱护公共设施	2		
创新意识		具有创新意识，更好地理解 BIM 技术应用	5		
合计			100		

2. 学生以小组为单位进行互评，并将结果填入表 9-3 中。

表 9-3　学生互评表

班级				小组				
任务			Navisworks 应用					
评价项目		分值	评价对象得分					
渲染	材质设置	5						
	光源设置	5						
	渲染设置	5						
漫游	漫游操作	5						
动画制作	录制动画	10						
	剖面动画	10						
	场景动画	10						
碰撞检查	结构与水电暖等管道的碰撞检查	10						
	设备管道之间的碰撞检测	10						
施工进度模拟	"TimeLiner" 进度动画的模拟	15						
工作态度		3						
工作质量		3						
协调能力		2						
职业素质		2						
创新意识		5						
合计		100						

3. 教师对学生工作过程与结果进行评价，并将结果填入表 9-4 中。

表 9-4　教师综合评价表

班级			姓名			学号	
项目 9			Navisworks 应用				
评价项目		评价标准				分值	得分
渲染	材质设置	材质的名称与属性应与要求一致				5	
	光源设置	能够设置出太阳光和人造光两种光源				5	
	渲染设置	能将渲染效果图导出成图片格式				5	
漫游	漫游操作	能够在真实效果下创建出漫游效果				5	

评价项目		评价标准	分值	得分
动画制作	录制动画	能够利用 Navisworks 动画的录制功能录制漫游动画	10	
	剖面动画	能够利用"剖分"功能制作出建筑自下而上的建造过程的剖面动画	10	
	场景动画	能够利用"Animator"按钮制作出场景动画	10	
碰撞检查	结构与水电暖等管道的碰撞检查	能将结构与管道的碰撞结果导出成报告，并能根据报告检测出碰撞情况	10	
	设备管道之间的碰撞检测	能将管道之间的碰撞结果导出成报告，并能根据报告检测出碰撞情况	10	
施工进度模拟	"TimeLiner"进度动画的模拟	能对项目中的模型指定开始时间、结束时间，将三维模型数据与项目进度表相关联，导出施工模拟动画	15	
工作态度		态度端正，无无故缺勤、迟到、早退现象	3	
工作质量		能按时完成工作任务	3	
协调能力		与小组成员之间能合作交流、协调工作	2	
职业素质		能做到保护环境，爱护公共设施	2	
创新意识		具有创新意识，更好地理解 BIM 技术应用	5	
合计			100	
综合评价	自评(20%)	小组互评(30%)	教师评价(50%)	综合得分

习　题

一、单项选择题

1. 下列选项不属于 BIM 在施工阶段的价值的是(　　)。

A. 能耗分析

B. 辅助施工深化设计或生成施工深化图纸

C. 施工工序模拟和分析

D. 施工场地科学布置和管理

2. 4D 进度管理软件是在三维几何模型上，附加的施工信息是(　　)。

A. 时间信息　　　　B. 几何信息　　　　C. 造价信息　　　　D. 二维图纸信息

3. 下列属于"软碰撞"的是(　　)。

A. 设备与室内装修冲突　　　　　　　B. 缺陷检测

C. 结构与机电预留预埋冲突　　　　　D. 建筑与结构标高冲突

4. 下面不是施工方案模拟演示的作用的是（　　）。

A. 对于施工单位理解设计意图起辅助作用

B. 对制造加工起一定的指导作用

C. 节约一定成本作用

D. 有利于优化施工工期与工艺方法

5. 冲突检测是指通过建立 BIM 三维空间（　　），在数字模型中提前预警工程项目中不同专业在空间上的冲突、碰撞问题。

A. 建筑模型　　　　B. 信息模型　　　　C. 体量模型　　　　D. 几何模型

6. 施工工艺模拟 BIM 应用成果不包括（　　）。

A. 施工工艺模型　　B. 施工模拟分析报告　C. 可视化资料　　　D. 能耗分析

7. 以下不属于 BIM 建模软件基本功能的是（　　）。

A. 三维数字化建模　B. 非几何信息录入　C. 三维模型修改　　D. 碰撞检测

8. BIM 模型在运营管理阶段的应用点是（　　）。

A. BIM 模型的提交　　　　　　　　　B. 三维动画渲染与漫游

C. 项目基础数据全过程服务　　　　　D. 网络协同工作

9. （　　）可以及时地发现项目中图元之间的冲突，这些图元可能是模型中的一组选定图元，也可能是所有图元。

A. 优化设计　　　　B. 可视化　　　　C. 碰撞检查　　　　D. 虚拟现实

10. BIM 在施工项目管理的应用中，涉及碰撞分析、管线综合，综合空间优化是（　　）模块的应用。

A. 基于 BIM 的深化设计　　　　　　B. 基于 BIM 的施工工艺模拟优化

C. 基于 BIM 的可视化交流　　　　　D. 基于 BIM 的施工和总承包管理

11. 下列选项中，不属于在施工项目管理中基于 BIM 的施工工艺模拟优化模块的应用点的是（　　）。

A. 基于 BIM 的测量技术　　　　　　B. 设备安装模拟仿真演示

C. 4D 施工模拟　　　　　　　　　　D. 空间协调和专业冲突检查

12. 综合性深化设计着重与各专业图纸协调一致，应该在建设单位提供的（　　）上进行。

A. 总体 BIM 模型　B. 专业 BIM 模型　C. 土建 BIM 模型　D. 机电 BIM 模型

13. 基于 BIM 的项目的综合管线深化设计步骤有：①建立、并整合各专业模型；②出具碰撞报告；③对碰撞点进行优化设计；④查找碰撞点；⑤分析三维模型视图；⑥提交设计单位、监理单位确定。正确的顺序是（　　）。

A. ①②③④⑤⑥　　B. ①③⑤②④⑥　　C. ①④②⑤③⑥　　D. ①⑤④②③⑥

14. 在对项目进行碰撞检测时，要遵循检测的优先级顺序，有：①进行土建碰撞检测；②进行设备内部各专业碰撞检测；③进行结构与给水排水、暖电专业碰撞检测等；④解决各管线之间交叉问题。正确的顺序是（　　）。

A. ①③②④　　　　B. ②①④③　　　　C. ①②③④　　　　D. ②④①③

15. 下列软件产品中，不属于 BIM 模型综合碰撞检查软件的是（　　）。

A. Navisworks　　　　　　　　　　B. Projectwise Navigator

C. Solibri　　　　　　　　　　　　D. ArchiBUS

二、多项选择题

1. 以下属于 BIM 建模软件的有（   ）。

A. AutoCAD

B. Revit

C. Navisworks

D. ArchiCAD E. SAP2000

2. BIM 技术在技术实施过程中会涉及不同软件之间的信息交换问题，软件之间的数据交换方式一般包括（   ）。

A. 直接调用   B. 直接连接   C. 间接调用   D. 间接连接

E. 同一数据格式调用

3. BIM 技术的运用给施工单位带来的好处有（   ）。

A. 施工进度模拟   B. 数字化建造   C. 物料跟踪   D. 可视化管理

E. 成本估算

4. BIM 模型在施工管理阶段的应用点包括（   ）。

A. 建立 4D 施工信息模型   B. 碰撞检查

C. 虚拟施工   D. 工程量统计

E. 可视化设计交底

5. 在主体施工阶段，对 BIM 模型的需求包括（   ）。

A. 深化设计   B. 技术交底   C. 方案论证   D. 成品保护

E. 方案模拟

6. 设计方应用 BIM 技术能实现的功能有（   ）。

A. 仿真分析   B. 协同设计

C. 效果图及动画检查   D. 碰撞检查

E. 三维设计

7. 以绿色为目的，以 BIM 技术为手段的施工节地的主要应用内容包括（   ）。

A. 场地分析   B. 土方量计算

C. 施工用地管理   D. 空间管理

E. 管线综合设计

8. 在 BIM 协调会议上，应协调的内容包括（   ）。

A. 进行模型交底   B. 对各专业图纸会审

C. 确定模型深化需求   D. 解决工程技术重难点

E. 模型碰撞检查

9. 在读取碰撞点之后，为了更加快速地给出针对碰撞检测中出现的"软""硬"碰撞点的解决方案，可以将碰撞问题分类为（   ）。

A. 重大问题   B. 由设计方解决的问题

C. 由施工现场解决的问题   D. 由监理方解决的问题

E. 因需求变化而带来新的问题

10. BIM 在虚拟施工管理中的应用主要包括（   ）。

A. 场地布置方案   B. 专项施工方案

C. 关键工艺展示   D. 施工模拟

E. 工程档案管理

项目	Navisworks 应用	任务	Navisworks 应用
知识目标	1. 熟悉在 Navisworks 中对模型进行材质设置、光源设置及渲染设置。 2. 掌握 Navisworks 中漫游和动画的制作。 3. 熟练掌握、应用 Navisworks 软件，对项目进行碰撞检查及施工进度模拟	技能目标	1. 能够将 Revit 中所创建的建筑、结构、设备模型，在 Navisworks 中进行合并。 2. 能够应用 Navisworks 软件对模型进行渲染、漫游、动画、碰撞检查及施工进度模拟
素质目标	1. 培养工程项目风险管理的能力。 2. 养成辩证看待问题的习惯。 3. 锻炼实践操作能力，养成学以致用、学有所用的意识		
任务描述	将在 Autodesk Revit 软件中创建好的"×××学院被动式超低能耗实验楼"模型导入 Navisworks 软件中，应用 Navisworks 软件对模型进行渲染、漫游、动画、碰撞检查及施工进度模拟等		
任务要求	1. 能够灵活运用 Navisworks 软件中的 Autodesk Rendering 命令，对模型进行材质设置、光源设置及渲染设置等。 2. 掌握 Navisworks 软件中的"漫游"和"飞行"功能。 3. 熟练掌握剖分动画和场景动画的制作。 4. 能够应用 Navisworks 软件中的 Clash Detective 命令，对项目进行碰撞检查，能够查找和报告在场景的不同部分之间的冲突。 5. 能够灵活运用 Navisworks 软件中的 Timeline 命令，对项目中的模型指定开始时间、结束时间，通过将三维模型数据与项目进度表相关联，实现 4D 可视化效果		
任务实施	1. 将渲染的图片、制作的动画、碰撞报告、施工模拟进行导出，生成二维码，用"学生学号＋姓名"命名，将二维码上传至网络教学平台。 2. 同学们相互扫描二维码查看渲染图片、动画、碰撞报告及施工模拟。 3. 学生小组之间进行点评。 4. 教师通过学生的成果提出问题。 5. 学生积极讨论和回答老师提出的问题。 6. 教师总结。 7. 学生自我评价，小组打分，选出优秀作品上墙		
作品提交	完成作品网上上传工作，要求： 1. 将渲染图片、动画、碰撞报告及施工模拟拍照上传至教学平台。 2. 成果上面写上班级、姓名、学号		

参 考 文 献

[1]刘广文，牟培超，黄铭丰.BIM 应用基础[M].上海：同济大学出版社，2013.

[2]黄亚斌，王全杰，赵雪峰.Revit 建筑应用实训教程[M].北京：化学工业出版社，2016.

[3]刘庆.Autodesk Navisworks 应用宝典[M].北京：中国建筑工业出版社，2015.

[4]杨力，王钊.BIM 技术在建设项目全生命周期中的应用[J].绿色科技，2016，5(10)：248—250.

[5]李欢，李勇，殷子奇.BIM 技术在青岛被动房项目中的应用[J].项目管理技术，2017，15(4)：120—124.

[6]佟强.BIM 技术在建筑全生命周期中的应用[J].工程技术，2016(26)70.

[7]王雪，韩智铭.BIM 技术在项目全生命周期中的应用[J].统计与管理，2015(11)117—118.

[8]杨圣山.绿色建筑全生命周期中的 BIM 技术应用分析[J].中国房地产业，2016(11)156—157.

[9]常蕾.建筑设备安装与识图[M].北京：中国电力出版社，2013.

[10]杨太生.建筑结构基础与识图[M].3 版.北京：中国建筑工业出版社，2013.

[11]赵研.建筑识图与构造[M].2 版.北京：中国建筑工业出版社，2008.

[12]庞毅玲，余连月.快速平法识图与钢筋计算[M].北京：中国建筑工业出版社，2021.